安徽省高职高专规划教材

车工实训指导

（第三版）

主　编	鲍光明	魏　平		
副主编	曹忠文	张国盈	耿慧莲	
参　编	韦永智	孙　蕾	丁镇雷	段小弟
	严庆华	朱普平	王文彪	徐进明
	吴赐桢	刘彦春	潘宇峰	
主　审	吴绍斌			

时代出版传媒股份有限公司
安徽科学技术出版社

图书在版编目(CIP)数据

车工实训指导 / 鲍光明,魏平主编. -- 3版. -- 合肥:安徽科学技术出版社,2016.8(2025.2重印)
ISBN 978-7-5337-7013-6

Ⅰ.①车… Ⅱ.①鲍…②魏… Ⅲ.①车削-高等职业学校-教材 Ⅳ.①TG51

中国版本图书馆 CIP 数据核字(2016)第195709号

车工实训指导   主编 鲍光明 魏 平

出 版 人：王筱文　　选题策划：李 春　　责任编辑：李 春
责任校对：程 苗　　责任印制：梁东兵　　封面设计：冯 劲
出版发行: 安徽科学技术出版社　　http://www.ahstp.net
(合肥市政务文化新区翡翠路1118号出版传媒广场,邮编:230071)
电话：(0551)63533330
印　　制：合肥创新印务有限公司　　电话：(0551)64321190
(如发现印装质量问题,影响阅读,请与印刷厂商联系调换)

开本：787×1092　1/16　　印张：9　　字数：230千
版次：2025年2月第16次印刷

ISBN 978-7-5337-7013-6　　　　　　　　　　定价：20.00元

版权所有,侵权必究

修 订 说 明

根据六年来原教材(第二版)在使用中本校和安徽扬子职业技术学院等兄弟院校教师的意见和建议,总结吸收六年来院内外车工实训的实践经验,参照安徽省规划教材编写要求,对原教材(第二版)进行如下修订:将第十二章的"一、车圆插头"改为现在的"一、榔头手柄制作";添加第十三章的数控车床编程与加工实训介绍。经审定,本教材为安徽省高职高专规划教材。本教材也可供中等职业学校使用。

编 者

2016.3

前 言

本书根据安徽机电职业技术学院机械类专业《车工实训教学大纲》的基本要求和院本教材计划编写,以《国家职业技能鉴定规范(考核大纲)》中级车工知识和技能要求为基本依据,考虑实训车间设备的现实和生源现状,力求实用、好用,既便于实训时指导教师教学,又便于学生自学和练习。

本书在编写过程中得到马鞍山万马机床制造有限公司和安徽机电职业技术学院机电厂的大力支持,在此表示感谢。

由于编者知识和实践水平有限,书中难免有错误和不妥之处,恳请读者批评指正。

编 者

目 录

第一章　车床基础知识 …………………………………………………………… 1
第二章　车工安全技术和维护保养常识 ………………………………………… 11
第三章　CQ6136 型车床的操作 ………………………………………………… 14
第四章　车刀 ……………………………………………………………………… 19
第五章　车端面与钻中心孔 ……………………………………………………… 28
第六章　车削外圆和阶梯轴 ……………………………………………………… 34
第七章　切断与车槽 ……………………………………………………………… 42
第八章　车圆锥面 ………………………………………………………………… 47
第九章　孔加工 …………………………………………………………………… 54
第十章　车削螺纹 ………………………………………………………………… 60
第十一章　车削复杂零件简介 …………………………………………………… 68
第十二章　典型部件车削技能训练 ……………………………………………… 71
第十三章　数控车床编程与加工实训介绍 ……………………………………… 89
附录一　初、中级车工考核标准和样卷 ………………………………………… 96
附录二　车工实训基础练习参考题 ……………………………………………… 98
附录三　车工理论基础练习参考题 ……………………………………………… 111
参考文献 …………………………………………………………………………… 137

第一章 车床基础知识

一、机床、车床型号编制

机床型号用来表示机床的类型、通用特性及主要技术参数等。我国现行的机床型号是按标准《GB/T15375—1994 金属切削机床型号编制方法》编制的,由汉语拼音字母和阿拉伯数字按一定的规律组合而成。

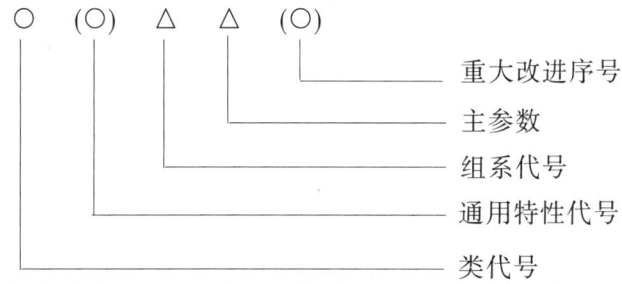

注:"○"为汉语拼音字母;"△"为阿拉伯数字。

1. 机床的类代号

机床的类代号见表 1-1。

表 1-1 机床的类代号

类别	车床	钻床	镗床	磨床	铣床	刨(插)床	齿轮加工机床
代号	C	Z	T	M	X	B	Y
读音	车	钻	镗	磨	铣	刨	牙

2. 机床的通用特性代号

机床的通用特性代号见表 1-2。

表 1-2 机床的通用特性代号

通用特性	高精度	精密	自动	半自动	数控	轻型	简型
代号	G	M	Z	B	K	Q	J
读音	高	密	自	半	控	轻	简

3. 车床的组系代号

车床的组系代号见表1-3。

表1-3 车床的组系代号

项目		系			
		1	2	3	4
		机床名称			
组别	3	滑鞍转塔车		滑枕转塔车	
	4	万能曲轴车			
	5	单柱立式车	双柱立式车		
	6	卧式车	马鞍车		卡盘车

4. 车床的主参数

车床的主参数一般为床身上最大工件回转直径或最大车削直径。其主参数的折算系数一般为1/10。

5. 机床的重大改进顺序号

机床的重大改进顺序号用汉语拼音字母A、B、C等表示。

例1 说明型号CQ6136含义。

表示床身上最大工件回转直径为360mm的轻型卧式车床。

二、车床的加工范围

车床的加工范围很广,适应性很强,主要用于钻中心孔、车外圆、车端面、切槽与切断、钻孔、扩孔、铰孔、车孔、车锥体、车螺纹、车回转特形面、滚花等,如表1-4所示。为了方便工件装夹,车床最适合加工轴类、盘类零件。车削加工的尺寸精度可达IT7,表面粗糙度R_a可达1.6μm。

表1-4 车床加工范围

加工范围	图例	加工范围	图例
车端面	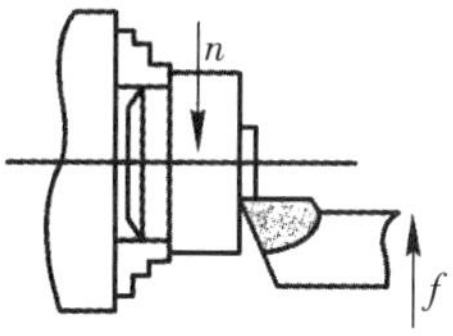	车锥体	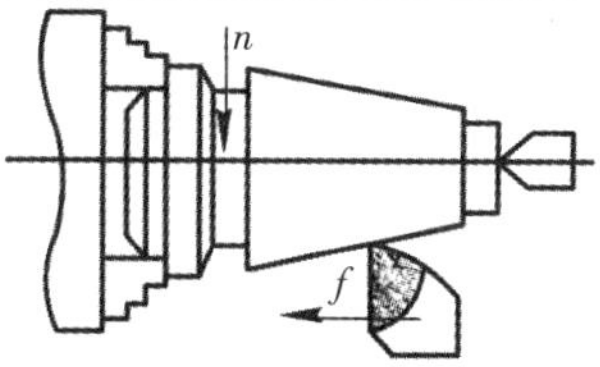
钻中心孔	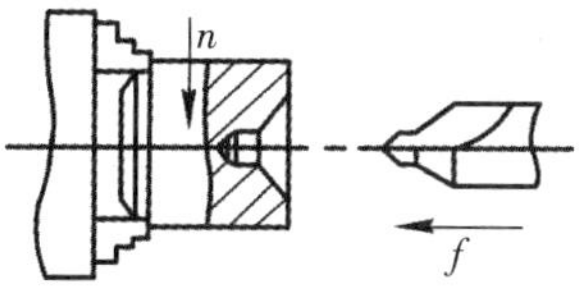	车特形面	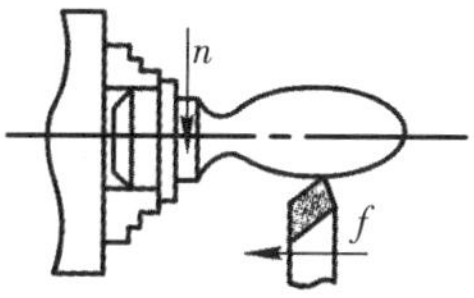
车外圆	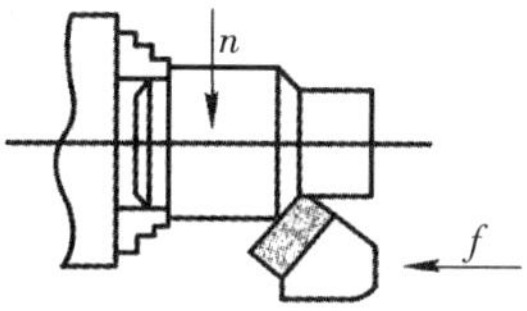	用成形刀车特形面	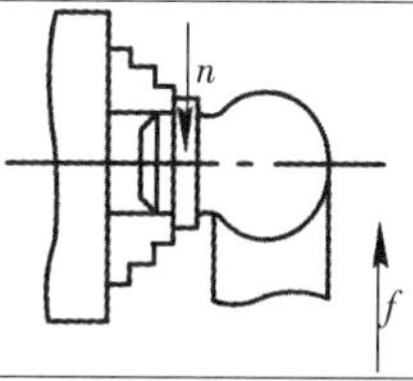
钻孔	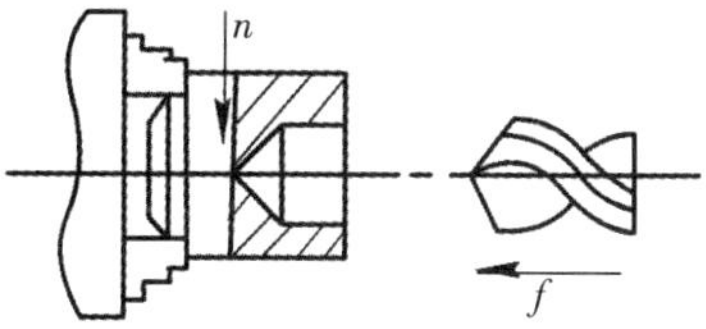	车螺纹	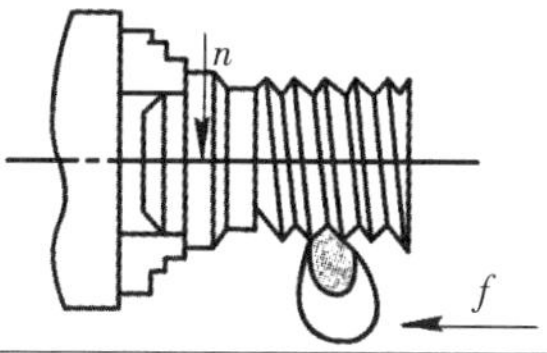
车孔	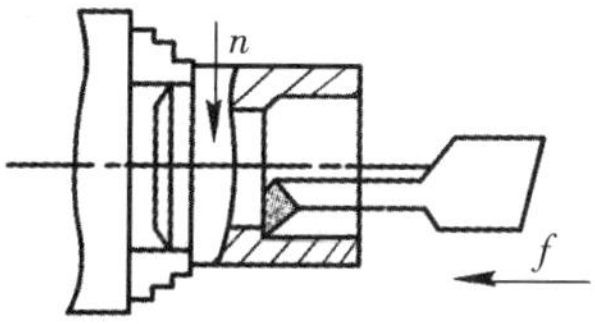	滚花	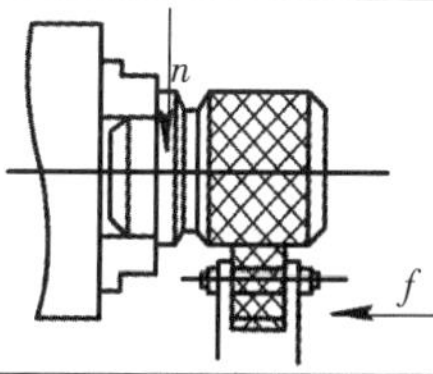
铰孔	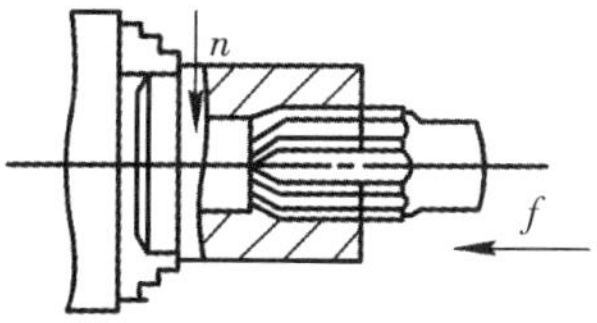	切断	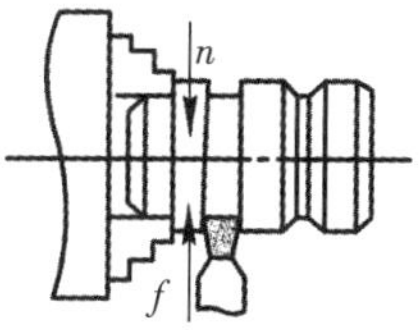

三、CQ6136型车床组成部件和规格参数

1. CQ6136型车床的组成及其功用

CQ6136型车床的组成部件及其功用如下：

(1) 主轴箱(见图1-1中序号2)

箱内安装主轴及变速机构等,保证主轴连同卡盘转动;变换箱外的变速手柄需要置不同位置,使主轴得到各种不同的转速。主轴为空心台阶轴,前端内部为莫氏锥孔,用于安装顶尖或刀具、夹具;前端外部为标准短锥,用于安装卡盘等夹具。

(2)进给箱(见图1-1中序号3)

箱内为齿轮及变速机构等,并与光杠、丝杠连接,改变进给手柄位置,使光杠或丝杠得到不同的转速,以实现各种纵、横向进给量或螺距。

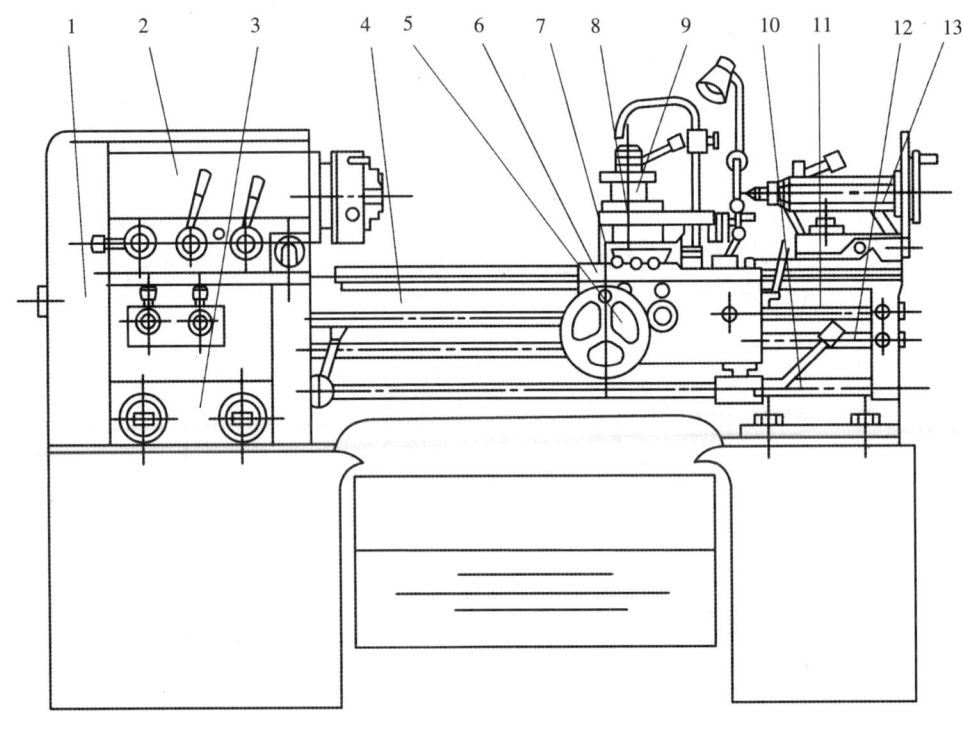

图1-1 CQ6136型车床组成

(3)溜板箱(见图1-1中序号5)

箱内为齿轮及操纵机构等,把光杠或丝杠的运动传递给床鞍或中滑板。变换操纵手柄位置,通过光杠的传动,实现床鞍(连同刀架)的纵向进给或中滑板(连同刀架)的横向进给运动。通过丝杠的传动,经开合螺母实现床鞍(连同刀架)的纵向精确进给,用于车螺纹。

(4)方刀架(见图1-1中序号9)

用于装夹刀具。方刀架装在小滑板之上,小滑板可在水平面内相对中滑板扳转角度,用于手动进给车较短的内外圆锥。

(5)尾座(见图1-1中序号13)

尾座可沿床身导轨纵向移动,用于安装顶尖,支承较长的工件;也可安装钻夹头、钻头、铰刀、丝锥等,进行孔、螺纹等加工。

(6)床身、床腿(见图1-1中序号4)

用于支承、安装其他部件。床身上有一组精密的导轨,起床鞍移动的导向作用;床腿用于支承床身。

2. CQ6136型车床规格参数

CQ6136型车床规格参数见表1-5。

表1-5 CQ6136型车床规格参数

序号	项目			规格与参数	单位
1	中心高			180	mm
2	最大工件长度			800	mm
3	最大工件回转直径	床身上		360	mm
		拖板上		190	mm
4	通过主轴孔的棒料直径			38	mm
5	加工螺纹范围	公制螺纹	种数	15	—
			范围	0.5~7	mm
		英制螺纹	种数	34	—
			范围	4~56	牙/吋
6	主轴端部形式			A1-5	—
7	主轴前锥孔锥度			莫氏5号	—
8	顶尖套锥孔锥度			莫氏3号	—
9	主轴孔径			40	mm
10	主轴转速（正、反转均为8级）			80~1200	r/min
11	床鞍纵向最大行程			700	mm
12	拖板横向最大行程			210	mm
13	小刀架最大行程			140	mm
14	刀杆尺寸			16×16	mm
15	进给量范围	纵向	级数	36	—
			范围	0.05~0.7	mm/r
		横向	级数	36	—
			范围	0.03~0.5	mm/r
16	刀架刻度值	纵向		0.5	毫米/格
				31.5	mm/r
		横向		0.02	毫米/格
				4	mm/r
		小刀架		0.05	毫米/格
				4	mm/r
17	刀架回转角度范围			±60	度
				1	度/格
18	装刀基面至主轴中心线距离			18	mm
19	尾座主轴最大行程			125	mm
20	尾座主轴孔锥度			莫氏4号	—
21	尾座上体横向行程			±5	mm
22	主电动机功率			2.2	kW
23	主电动机同步转速			1500	r/min
24	机床外形尺寸			1962×830×1193	mm
	最大工件长度			800	mm
25	机床净重			850	kg

四、CQ6136 型车床传动系统

CQ6136 型车床传动系统,如图 1-2 所示。

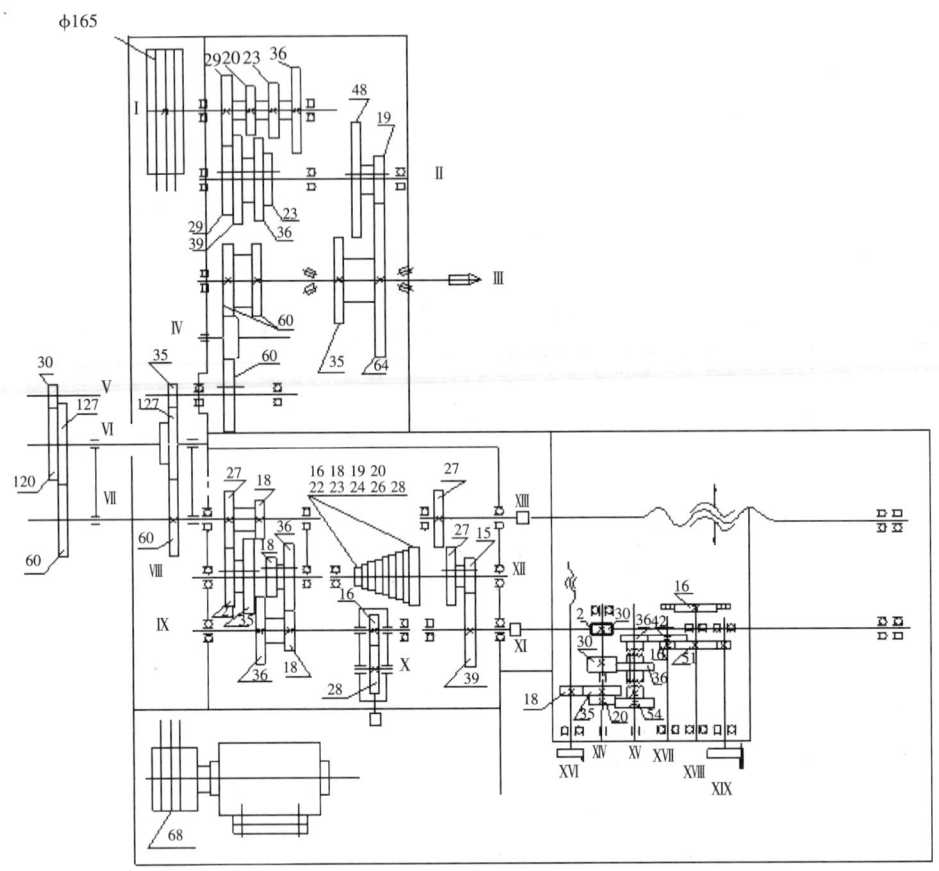

图 1-2 CQ6136 型车床传动系统

1. 主运动传动

主电机 ———— 主轴
$n_电(1420\text{r/min})$ $n_Ⅲ$

主电动机 Y100L-4,运动从主电动机经 V 带传到床头箱Ⅰ轴,操纵手柄滑移Ⅱ轴上的两组滑移齿轮,使主轴得到 8 级转速。

主运动传动路线表达式为:

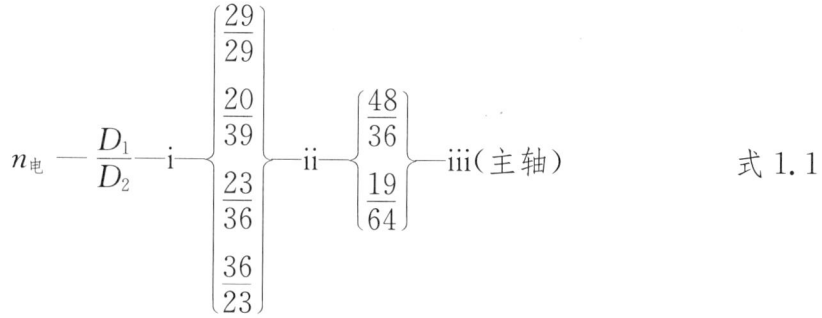

式 1.1

主轴各级转速根据上面表达式,按下式计算:

$$n_{ⅲ} = n_{电} \times \frac{D_1}{D_2} \times 0.98 \times \begin{Bmatrix} \frac{29}{29} \\ \frac{20}{39} \\ \frac{23}{36} \\ \frac{36}{23} \end{Bmatrix} \times \begin{Bmatrix} \frac{48}{36} \\ \frac{19}{64} \end{Bmatrix}$$

式 1.2

式中:$n_{电}$——主电机转速,r/min;

D_2——从动带轮基准直径,mm;

D_1——主动带轮基准直径,mm。

$D_2 = 165$ mm $D_1 = 63$ mm

主轴最高转速 $n_{max} = 1420 \times 63/165 \times 0.98 \times 36/23 \times 48/36 = 1200$ (r/min)

2. 进给运动传动

运动从主轴经左右旋螺纹变换机构、挂轮箱、进给变速机构、诺顿机构传给光杆或丝杆。

床鞍(连同刀架)纵向移动有三条路线:

(1)纵向进给

光杠经溜板箱内的蜗杆蜗轮副(2/30)、齿轮副(30/36、36/42、16/51)带动ⅩⅧ轴上的小齿轮(16)在床身齿条上滚动,使床鞍纵向移动。

(2)车螺纹进给

主轴运动传给丝杠,经溜板箱内的开合螺母,带动床鞍作纵向移动。机床主轴旋转一周时,刀架的纵向进给量即螺距,可按设在挂轮罩前面的标牌指示调整。

(3)纵向手动进给

使用溜板箱上的手轮,经齿轮带动齿条机构,使床鞍作纵向进给。

3. 主变速操纵手柄位置与主轴转速

CQ6136型车床主变速操纵机构的操纵手柄位置与主轴转速如表1-6所示。

表1-6 操纵手柄位置与主轴转速 （单位：r/min）

A				B			
1	2	3	4	1	2	3	4
1200	750	480	380	250	160	105	80

五、车床的切削运动和车削用量

1. 切削运动

车削过程中，车刀与工件之间必须有相对运动，即切削运动或表面成形运动。根据其作用，分为主运动和进给运动。

(1) 主运动

形成车床切削速度与工件新的表面所必需的运动，是车削最基本的运动。工件的旋转运动为车削主运动，其运动速度最高，消耗功率最大。

(2) 进给运动

使新的金属层不断投入切削的运动。车刀沿工件纵向或横向运动为车削进给运动。

车削的吃刀与退刀是辅助运动。

在车削过程中，工件上形成三个不断变化的表面，如图1-3所示。

(1) 待加工表面

工件上有待被切去金属层的表面。

(2) 已加工表面

工件上已被刀具切削后形成的表面。

(3) 过渡表面

工件上正被刀具切削的表面。

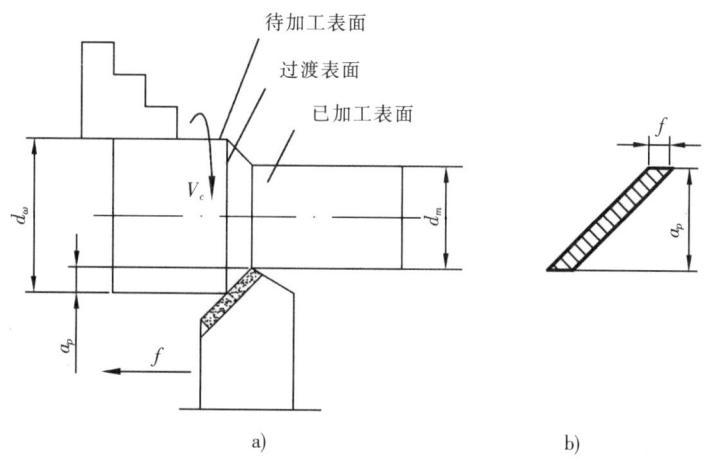

图 1-3 切削运动和车削用量

2. 车削用量

车削用量是衡量切削运动大小的重要参数,包括切削速度、进给量和切削深度(吃刀量)三个要素。合理选择切削用量是保证加工质量及提高生产率的重要条件。

(1) 切削速度 V_c

切削速度即主运动的线速度,计算公式如下:

$$V_c = \frac{\pi n d_w}{1000 \times 60}$$ 式 1.3

式中:n——主轴转速,r/min;

d_w——待加工表面直径,mm;

V_c——切削速度,m/s。

(2) 进给量 f

工件每转一转,车刀沿进给方向移动的距离,单位为 mm/r。

(3) 切削深度 a_p

工件已加工表面与待加工表面间的垂直距离,单位为 mm。车外圆时切削深度的计算公式如下:

$$a_p = \frac{d_w - d_m}{2}$$ 式 1.4

式中:a_p——切削深度,mm;

d_w——待加工表面直径,mm;

d_m——已加工表面直径,mm。

六、车床卡盘

三爪卡盘是车床主要的夹具,通过法兰盘安装在主轴上,其结构如图 1-4 所示。三爪卡盘可自动定心,主要用于夹持工件,有外卡和内卡两种装夹方式。

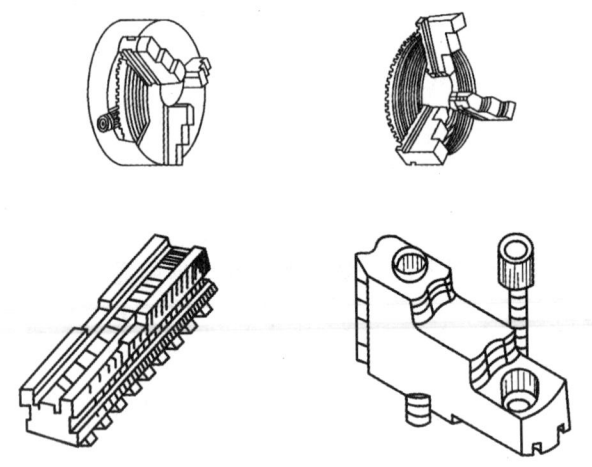

图 1-4 三爪卡盘

四爪卡盘具有四个对称分布的卡爪,其结构如图 1-5 所示,可以根据工件的大小调节各卡爪的位置,主要适用于装夹截面为矩形、正方形、椭圆或其他不规则形状的工件,也适用于装夹偏心工件。

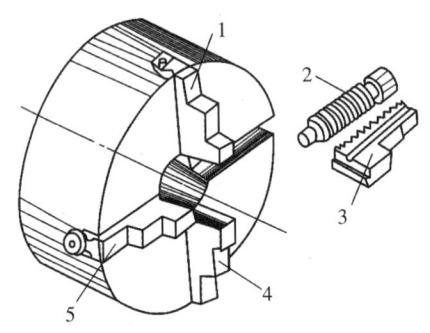

图 1-5 四爪单动卡盘

花盘为铸铁圆盘,端面径向分布的通槽或 T 型槽用于装压紧螺栓。花盘常用于被加工表面的旋转轴线与定位基准面相互垂直且形状复杂零件的加工。用花盘装夹工件通常要注意平衡调整。

第二章　车工安全技术和维护保养常识

一、车工安全操作规程

(1)操作者必须熟悉机床的结构、性能及传动系统、润滑部位、电气等基本知识和使用维护方法。

(2)经常注意机床的润滑情况,必须按润滑表规定进行润滑工作,必须保证油面的高度符合要求。

(3)工作时要穿好工作服,女生要戴工作帽,头发应塞进帽子中。不准穿高跟鞋、拖鞋和凉鞋。严禁戴围巾、首饰和手套操作。

(4)安装工件应保证定位准确,夹紧可靠。安装好工件后应立即拿掉扳手。

(5)开车前,应检查各操纵手柄位置是否正确,确信无误后方可开车。

(6)工作时,不应站在切屑飞溅的方向,头部不应靠近工件,以防切屑伤人;当车削形成崩碎切屑时,必须戴防护眼镜。

(7)清除切屑要用专用工具,不得用扳手、量具或其他工具,更不准用手直接去除切屑。

(8)应合理布置工作场地,工具、量具应放在安全、适当位置;待加工件、成品应分别堆放。不许将加工工件、工具或其他金属物品放在床身导轨上。

(9)不准在卡盘上、顶尖间及导轨上面敲打校直和修正工件。

(10)工件旋转时,严禁测量工件尺寸;不准用手触及工件。停车过程中,不准用手或工具制动卡盘。

(11)装卸卡盘时,必须在床身面垫上木板,以免卡盘落下损坏机床。

(12)车削螺纹时,首先检查机床正、反车是否正常,开合螺母手柄提起是否灵活,严防刀架与车头相撞造成事故。

(13)操作者在工作中不得离开工作岗位,如需离开,无论时间长短,必须停车,以免发生事故。

(14)认真执行车床清洁、润滑和交接班规定。

二、车床的日常维护及保养

1. 车床的日常维护

车床的日常维护是提高工作效率,保持较长使用寿命的必要条件。其内容主要是对车床的及时清洁和定期润滑。

每班开车前,用抹布清除车床上的灰尘污物,用油壶在车床的指定润滑部位加油;工作结束应清除切屑,擦净切屑液,并在导轨上加润滑油。

2. 车床的保养

例行保养的内容除上述日常维护外,还要在开车前检查车床,周末对车床进行大清洗工作等。一级保养的内容包括对车床的外露部件和易损部分进行拆卸、清洗、检查、调整和紧固等。

三、CQ6136型车床润滑系统

1. 主轴箱的润滑

主轴箱通常用 L-AN32 全损耗系统用油(20号机油),油标指示油面高度。箱内的油一般6个月换一次。箱内齿轮、轴承采用飞溅润滑,主轴前后轴承有润滑通道,需保持通畅。

打开床头箱盖上的注油孔,按规定的牌号加润滑油,油面达到油标中间位置即可。床头箱背面有放油螺塞,以便换油。

2. 进给箱和溜板箱的润滑

进给箱和溜板箱内轴承采用润滑脂润滑。

3. 其他部位的润滑

其他部位的润滑见图2-1和表2-1。

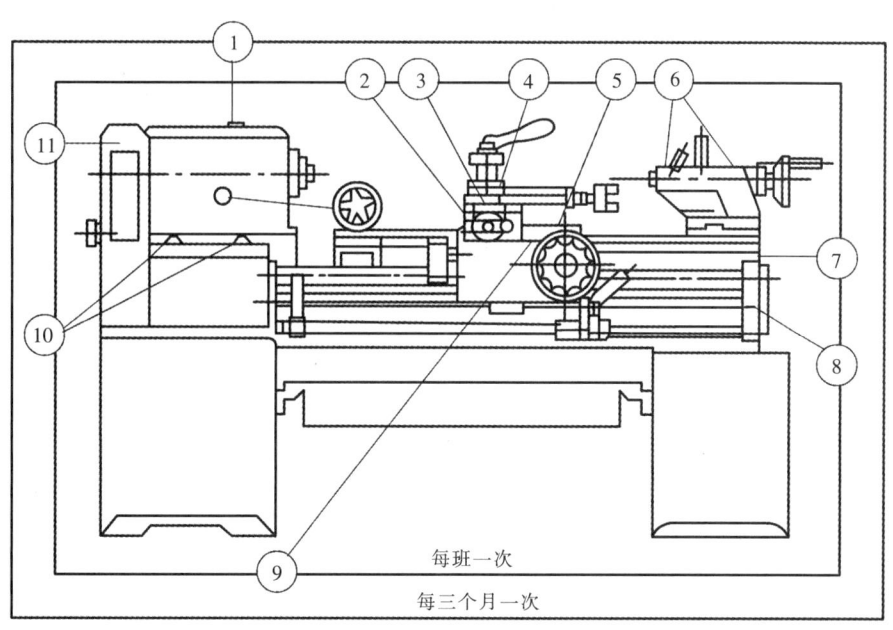

图 2-1 CQ6136 型车床润滑系统

表 2-1 CQ6136 型车床润滑系统

序号	润滑部位	润滑剂	备注
1	床头箱齿轮、轴承	20 号机械油	6 个月换油
2	中拖板导轨	20 号机械油	每班加油
3	中拖板丝杆轴承螺母	20 号机械油	每班加油
4	小刀架导轨	20 号机械油	每班加油
5	床身及床鞍导轨	20 号机械油	每班加油
6	尾座主轴	20 号机械油	每班加油
7	丝杆后轴承	20 号机械油	每班加油
8	光杆后轴承	20 号机械油	每班加油
9	溜板箱齿轮	20 号机械油	每班加油
10	走刀箱齿轮	20 号机械油	每班加油
11	挂轮箱齿轮	20 号机械油	每班加油

第三章　CQ6136型车床的操作

一、CQ6136型车床操作手柄的位置及功用

CQ6136型车床各操作手柄的位置及功用见图3-1和表3-1。

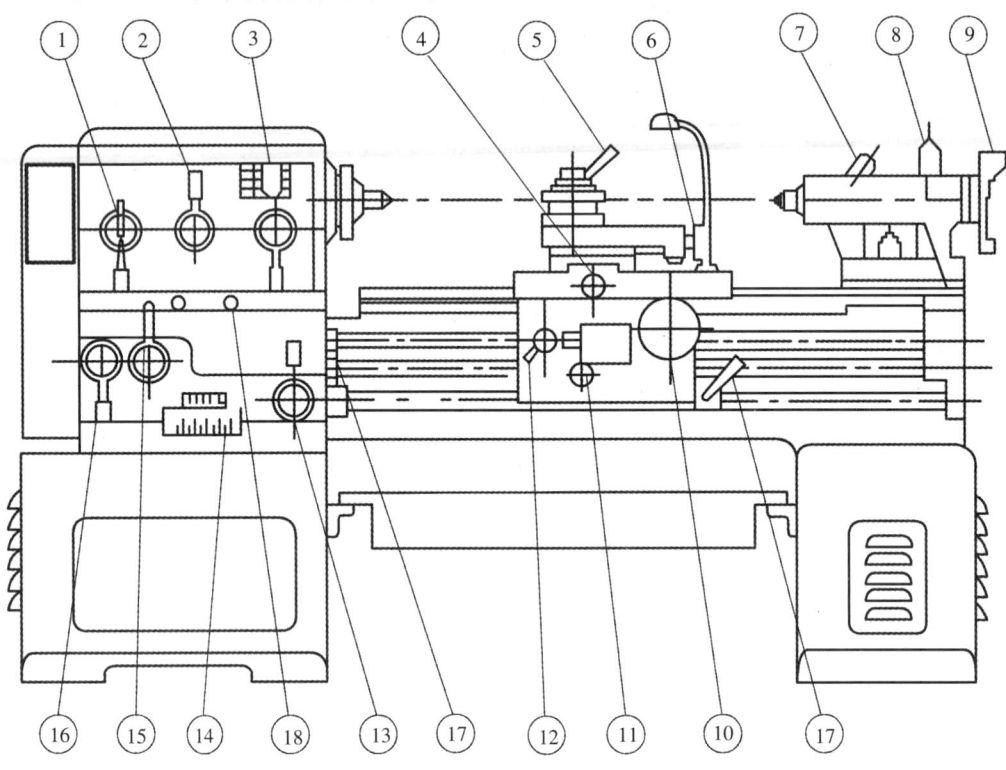

图3-1　CQ6136型车床操作图

表3-1　CQ6136型车床各操作手柄的用途

序号	名称及用途	序号	名称及用途
1	丝杆与光杆倒、顺转手柄	10	床鞍纵向移动手柄
2	主轴变速手柄	11	控制纵、横进刀手柄
3	主轴变速手柄	12	开合螺母离合手柄
4	刀架横向移动手柄	13	接通光杆与丝杆手柄
5	固定方刀架手柄	14	诺顿机构移动手柄
6	小刀架移动手柄	15	二联齿轮移动手柄
7	固定顶尖套筒手柄	16	二联齿轮移动手柄
8	固定尾座手柄	17	主轴正、反、停止手柄
9	移动顶尖套筒手轮	18	停车按钮

二、CQ6136型车床手动操作

1. 操作前的准备

切断车床的电源,以防止因动作失误而造成事故。调整好中、小滑板塞铁间隙,擦净车床外表面及各手柄。

2. 变换主轴转速

根据转速标牌,改变手柄位置可得到8种不同的转速。

变速时,如发现手柄转不动或不到位,可用手转动卡盘,待主轴上齿轮转到啮合位置时,手柄即能扳动。车床在启动后,禁止变换主轴转速;停车变速时,须待车床完全停止后方可进行。

3. 变换进给类型和方向

根据标牌所示接通光杠或丝杠手柄13的位置,决定接通光杠或丝杠的传动,实现自动走刀或加工螺纹。在接通丝杠的情况下,开合螺母离合手柄12向下合上开合螺母,接通丝杠传动,使床鞍纵向移动加工螺纹;手柄12向上提起,开合螺母张开,床鞍纵向移动加工螺纹进给停止。刀架纵、横向自动进给由手柄11控制,向上提手柄11,刀架纵向自动进给;向下按手柄11,刀架横向自动进给。

根据标牌所示丝杠与光杠倒、顺转手柄1的位置,可变换螺纹旋向或自动走刀方向。

4. 变换进给量

通过变换挂轮箱交换齿轮和进给量标牌上手柄15A、15B两挡位置,手柄16C、16D两挡位置及诺顿手柄14九挡位置的搭配可得进给箱铭牌表中所列的各种螺距和进给量。

变换进给量时,若发现进给手柄转不动或不到位,可用手转动卡盘。扳转卡盘时,为转动轻便,主轴速度应调整在高速位。

5. 溜板箱操作

根据溜板箱外各操作手柄的用途及工作位置,变换各手柄位置,可使刀架作纵向或横向运动。车螺纹时,应将开合螺母手柄按下;手动或机动进给时,开合螺母手柄应提起。

6. 纵、横向进给和进、退刀动作

(1) 纵向手动进给

摇动床鞍手轮10,可使床鞍纵向移动,向主轴箱方向移动为纵向正进给,反之,为纵向反进给。操作时,操作者应站在床鞍手轮的右侧,双手交替摇动手轮,进给速度应慢而均匀连续。

(2) 横向手动进给

摇动横向移动中滑板手柄14,可使中滑板横向进给,从中滑板刻度盘上转过的刻度可知中滑板沿垂直于主轴轴线方向移动的距离,向前为正向进给。操作时,操作者应双手交替摇动手柄,如图3-2所示。

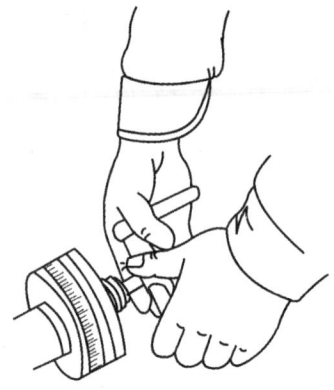

图3-2 中滑板的操作

(3) 小滑板手动进给

摇动小滑板手柄6,可使小滑板沿着其导轨作前后移动,移动距离可由刻度盘上转过的刻线算出,每格表示移动0.05 mm。小滑板导轨下有转盘,松开其锁紧螺母,可在水平面内转动角度。

(4) 进、退刀操作

操作方法是:左手摇床鞍手柄,右手摇中滑板手柄,双手不断地作均匀移动。进、退刀动作必须十分熟练。否则,车削过程中一旦失误,会造成工件报废或事故。

(5) 尾座的操作

① 尾座的移动与锁紧 尾座通过底压板6与床身导轨锁紧,松开锁紧螺母5(或松开尾座锁紧手柄3)就可使尾座沿导轨移动,如图3-3所示。

② 尾座套筒的操作 松开套筒锁紧手柄2,摇动手轮4可使套筒前后移动;扳紧套筒锁紧手柄2即可锁紧套筒。尾座套筒不宜伸出过长,以防止套筒内啮合的丝杠螺母脱开。

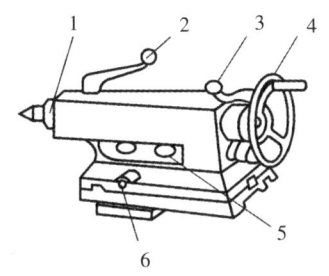

1.套筒 2.套筒锁紧手柄 3.尾座锁紧手柄
4.手轮 5.锁紧螺母 6.调整螺钉

图 3-3 车床尾座

三、CQ6136 型车床机动操纵

1. 操作前的准备

(1) 将主轴转速调整在 250 r/min。
(2) 调整进给箱手柄位置,使进给量 f 为 0.29 mm/r 左右。
(3) 摇动床鞍到床身中间的位置。
(4) 用手扳动卡盘一周,检查机床有无碰撞之处,并检查各手柄是否在正常位置。

2. 车床的启动、停止

(1) 接通电源,使车床电源开关置于"合"的位置。
(2) 按启动按钮,启动电动机。此时,由于操纵杆在中间的空挡位置,所以主轴尚未转动。向上提起操纵杆,主轴作正转;置操纵杆于中间位置,主轴停止转动;操纵杆向下,主轴作倒转,除车螺纹外,一般主轴不使用倒转。在车削过程中,因测量工件需作短暂停止时应利用操纵杆停车。这时,为防止停车时操纵杆失灵导致主轴转动,可将主轴变速手柄置于空挡位。变换主轴转速,一定要先停车后变速。

3. 纵向机动进给

(1) 将床鞍摇到床身中间位置后,启动机床。
(2) 将机动进给手柄调整至"纵向"位置,操纵进给手柄向主轴箱方向为自动进给。如需方向相反,要停机后才能变换换向手柄位置。

注意进给过程中的极限位置,确保床鞍不与卡盘相碰撞。

4. 横向机动进给

(1)摇动中滑板手柄,使刀架靠近车床主轴内侧的平面,离卡盘中心约100 mm。

(2)启动机床。

(3)进给手柄调到"横向"位置,操纵机动进给手柄,使中滑板向卡盘中心方向进给。

注意: 中滑板向前正向进给时,刀架前侧平面不能超过主轴中心线,防止中滑板丝杠与螺母脱开;向后反向进给时,刀架不能与刻度盘等凸台相碰。走刀箱各手柄只允许在停车时拨动,以免损坏齿轮。

第四章 车 刀

一、常用车刀的种类与材料

常用车刀种类,如图4-1所示,按其用途可分为90°外圆车刀,如图a)所示;45°弯头车刀,如图b)所示;切断刀,如图c)所示;内孔车刀,如图d)所示;成形车刀,如图e)所示;螺纹车刀,如图f)所示;硬质合金不重磨车刀,如图g)所示等。各种车刀的类型与用途,如图4-2所示。

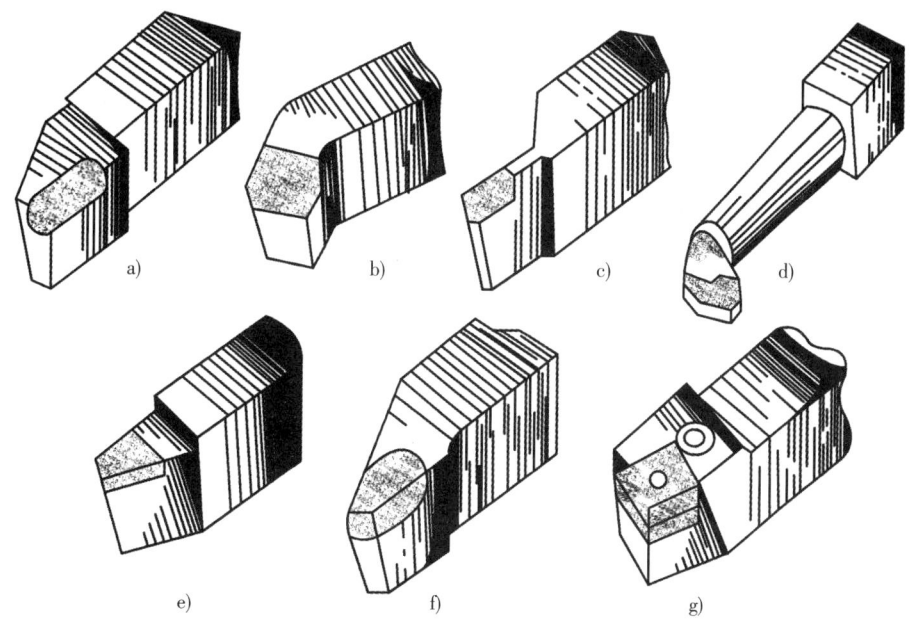

图4-1 常用的车刀种类

二、常用车刀的材料及其选择

1. 车刀切削部分材料应具备的基本性能

车刀在车削时,除了受到很高的切削温度作用外,还要承受很大的切削力,因此刀具材料的性能必须符合以下几个基本要求:

(1)高的硬度

刀具材料的硬度必须高于工件材料的硬度,常温下硬度要求在HRC60以上。

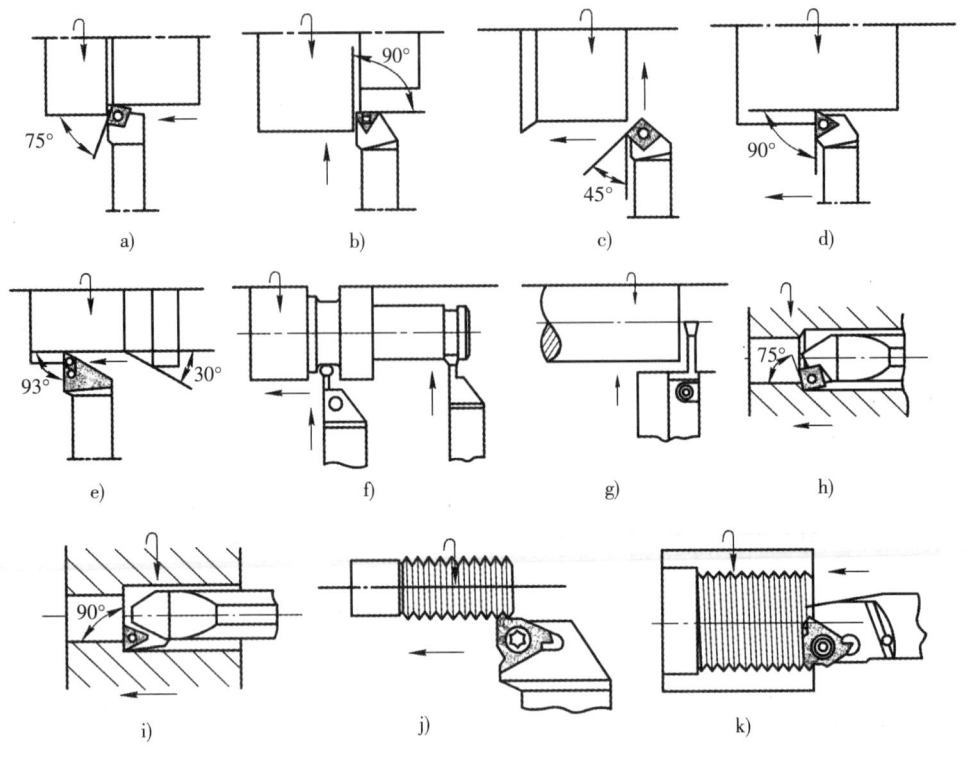

a)75°外圆车刀　b)90°端面车刀　c)45°端面车刀　d)90°外圆车刀
e)93°外圆车刀　f)切槽、圆弧槽车刀　g)切断刀　h)75°内孔车刀
i)90°内孔车刀　j)外螺纹车刀　k)内螺纹车刀

图4-2　车刀的类型与用途

(2) 足够的强度和韧性

刀具在切削过程中要承受较大的切削力,还要承受冲击力,应具备足够的强度和韧性,才能防止脆性断裂或崩刃。

(3) 良好的耐磨性

刀具必须有良好的抵抗磨损能力,以保持刀刃的锋利。

(4) 良好的耐热性

由于切削区温度很高,要求刀具在高温下仍然保持高的硬度、强度、韧性和耐磨性能(红硬性)。

(5) 良好的工艺性

刀具材料自身的加工工艺性能,如热处理性能、被切削加工性能、焊接性能等。

2. 常用车刀材料

常用车刀的材料有高速钢和硬质合金两大类。

(1) 高速钢

高速钢是含钨、铬、钒、钼等合金元素较多的合金钢。其特点是制造简单、刃磨方便、刃口锋利、韧性好并能承受较大的冲击力，但高速钢的耐热性较差，不宜高速车削，主要适用于制造小型车刀、螺纹车刀及形状复杂的成形刀，常用的钨系高速钢牌号有W18Cr4V,钼系高速钢的牌号有W6Mo5CrV2。

(2) 硬质合金

硬质合金是由碳化钨、碳化钛粉末，用钴作黏接剂，经高压高温煅烧而成。它是一种硬度高、耐磨性好、耐高温（在800～1 000℃时仍有良好的切削性能）、适合高速切削的粉末冶金制品。但它的韧性差，不能承受较大的冲击力。含钨量多的硬度高；含钴量多的强度高，韧性较好。

常用的硬质合金有三类：

(1) 钨钴类(K类)

由碳化钨和钴组成，牌号由字母YG和数字组成，其中字母表示钨钴类，数字表示含钴量的质量百分数，常用的牌号有YG3、YG5、YG8等多个牌号。钨钴类硬质合金适应于加工铸铁、有色金属等脆性材料。YG3因含钨量多而含钴量少，硬度高而韧性差，所以适应于精加工。YG8含钨量少而含钴量多，其硬度低而韧性好，适于粗加工。

(2) 钨钛钴类(P类)

这类硬质合金是由碳化钨、碳化钛粉末，用钴作黏合剂制成。钨钛钴类硬质合金耐磨性好，能承受较高的切削温度，适合加工塑性金属及韧性较好的材料。因为性脆，不耐冲击，因此不宜加工脆性材料（如铸铁等），常见的牌号有YT5、YT15、YT30等，牌号中的字母YT表示钨钛钴类，数字表示含钛量的质量百分数。YT5含碳化钛少而含钴量多，其抗弯强度较好，能承受较大冲击力，适应于粗加工。YT30含碳化钛多而含钴量少，适于精加工。

(3) 钨钛钽（铌）钴类(M类)

这类硬质合金是在钨钛钴类基础上加入少量的碳化钽或碳化铌制成的，其抗弯强度和冲击韧度都比较好，所以应用广泛，不仅可加工脆性材料，也可加工塑性材料。常见的牌号有YW1、YW2等。它主要用于加工高温合金、高锰钢、不锈钢、铸铁及合金铸铁等。

三、常用车刀的主要角度

1. 车刀的组成与几何形状

外圆车刀由刀头（切削部分）与刀柄（装夹部分）两部分组成。车刀刀头部分的几何形状如图4-3所示，它由以下几个部分组成：

①前刀面A_γ 切屑流出经过的刀面，简称前面。

②主后刀面 A_α　与工件上过渡表面相对的刀面,也称主后面。

③副后刀面 A_α'　与工件上已加工表面相对的刀面,也称副后面。

④主切削刃 S　前刀面与主后刀面相交形成的切削刃,承担主要的切削工作。

⑤副切削刃 S'　前刀面与副后刀面相交形成的切削刃,起微量切削作用。

⑥刀尖　主切削刃与副切削刃连接处相当少的一部分切削刃,它可以是直线,也可以是圆弧,俗称过渡刃。

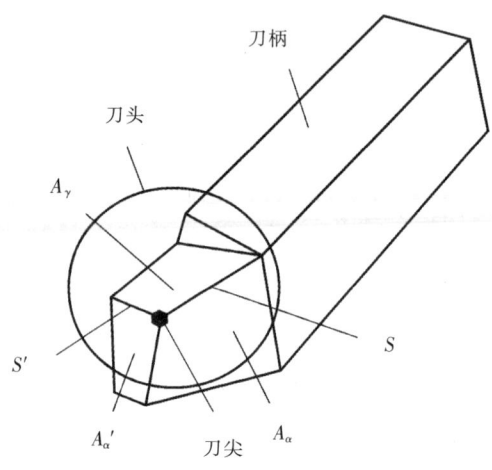

图 4-3　车刀的几何形状

车刀常用结构有四种基本形式:将硬质合金刀片直接焊接在刀体上的称为焊接式车刀;用高速钢做成整体式的,称为整体式车刀;将具有若干个切削刃的刀片紧固在刀体上的,称为机械夹固(机夹)式车刀,其中刀片可快速转位的,称为可转位式车刀。其特点和用途参见表 4-1。

表 4-1　车刀结构特点和用途

名称	特点	适用场合
焊接式	结构紧凑,使用灵活	各类车刀,特别是小刀具
整体式	刀口刃磨得比较锋利	小型车床,可加工非金属材料
机械夹固(机夹)式	避免了焊接所产生的应力、裂纹等缺陷。刀杆利用率较高。刀片可集中刃磨获得所需参数。使用灵活方便	外圆、端面、镗孔、切断、螺纹车刀
可转位式	避免了焊接刀的缺点,刀片可快速转位。生产率高,断削稳定,可使用涂层刀片	大中型车床加工外圆、端面、镗孔。特别适用于自动线切割、数控机床

2. 车刀的几何角度

(1) 辅助平面

用于定义刀具在设计、制造、刃磨和测量时的基准坐标平面,如图4-4所示。

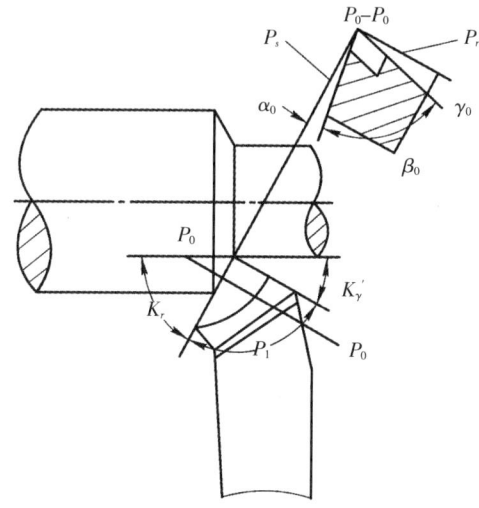

图4-4 刀具几何角度

① 基面 P_r　过切削刃的选定点而又垂直于该点切削速度的平面(一般为平行于车刀底面的平面)。

② 切削平面 P_s　通过切削刃的选定点,与切削刃相切并垂直于基面的平面。

③ 正交平面 P_0　通过切削刃的选定点,并同时垂直于基面和切削平面的平面。

(2) 车刀的几何角度

以外圆车刀为例,其切削部分有六个基本角度。

① 前角 γ_0　前刀面与基面间的夹角,在正交平面内测量。

② 后角 α_0　主后刀面与切削平面间的夹角,在正交平面内测量。

③ 副后角 $\alpha_0{}'$　副后刀面与副切削平面间的夹角,在正交平面内度量。

④ 主偏角 K_γ　主切削刃与进给速度间的夹角,在基面内度量。

⑤ 副偏角 $K_\gamma{}'$　副切削刃与进给速度反方向间的夹角,在基面内度量。

⑥ 刃倾角 λ_s　主刀刃与基面间的夹角。在主切削平面内度量,当刀尖在主切削刃上处于最高位置时,刃倾角为正;反之为负。

3. 车刀主要几何角度的初步选择

(1) 前角 γ_0 的作用与选择

① 前角的作用　前角是车刀的主要角度之一,增大前角可使车刀刃口锋利,

切削轻快,减少切削力,可抑制积屑瘤的产生,减少振动,提高表面质量。但前角太大,会使刃口和刀头强度减弱,散热体积减小,刀具的耐用度降低。

②前角的选择　通常前角的大小与工件材料、刀具本身的材料与加工性质有关。选择原则是:刃口锋利,兼顾强度。在工件材料的强度与硬度较低时,如切削塑性材料时,取较大的前角;反之,在工件材料的硬度强度较高、断续切削、粗加工时,应取较小的前角。如用硬质合金刀具加工正火钢,取 $\gamma_0=15°\sim 20°$;加工淬火钢,取 $\gamma_0=5°\sim 15°$;加工 Q235 钢,取 $\gamma_0=20°\sim 25°$;加工灰铸铁,取 $\gamma_0=5°\sim 15°$;加工铝合金,取 $\gamma_0=25°\sim 30°$。

(2)后角 α_0(副后角 α_0')的作用与选择

①后角(副后角)的作用　增大后角(副后角)可减少刀具与工件间摩擦。但后角过大,刃口强度会减弱,散热体积减小,刀具耐用度减小。

②后角(副后角)的选择　粗加工时,$\alpha_0=\alpha_0'=6°\sim 8°$;精加工时,$\alpha_0=\alpha_0'=8°\sim 12°$。

(3)主偏角 K_γ 的作用与选择

①主偏角的作用　主偏角增大,径向切削力减小,但参加切削的刀刃长度减小,工件的表面粗糙度数值变大(表面质量下降)。主偏角减小,刀具强度增强,径向切削力增大,易产生振动。

②主偏角的选择　主偏角的选择首先受到工件形状的限制,如台阶轴应选 $K_\gamma=90°\sim 93°$;其次应考虑工艺系统条件,如车高强度、高硬度材料,取 $K_\gamma=15°\sim 30°$,车细长轴时,取 $K_\gamma=75°\sim 90°$。

(4)副偏角 K_γ' 的作用与选择

①副偏角的作用　减小副偏角,可减小工件表面的粗糙度数值(表面质量提高)。但副偏角过大,刀尖强度会减小。

②副偏角的选择　一般取 $K_\gamma'=5°\sim 15°$,车高硬材料、断续切削或粗加工时,取较大值;精加工时,取较小值。

(5)刃倾角 λ_s 的作用与选择

①刃倾角的作用　正的刃倾角时,切屑流向待加工表面;负的刃倾角时,切屑流向已加工表面;刃倾角为零时,切屑垂直于切削刃方向流出,如图 4-5 所示。刃倾角为正时,刀尖强度差,不耐冲击。

②刃倾角的选择　一般取 $\lambda_s=-5°\sim 5°$。粗车时,取较小值;精车时,取较大值。

4. 车刀的安装

(1)安装前的准备

①转正刀架位置,锁紧刀架手柄。

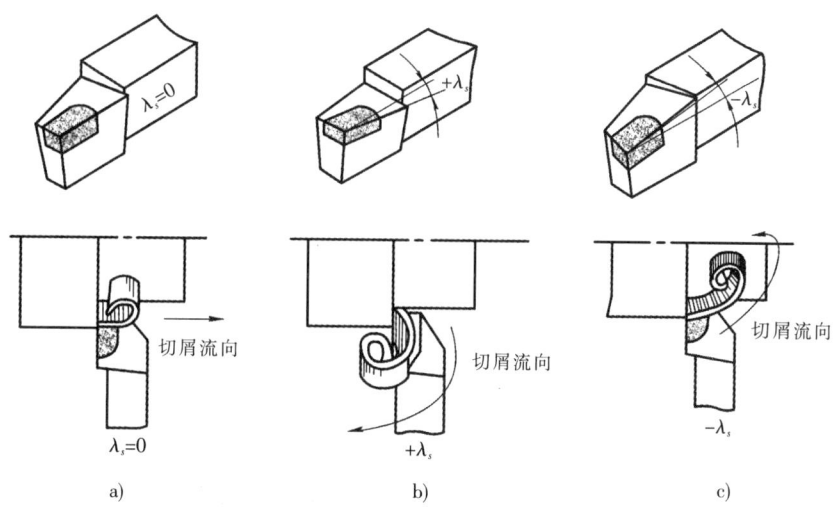

a) 刃倾角为 0° b) 刃倾角为正 c) 刃倾角为负

图 4-5 车刀的刃倾角及其对切削流向的影响

②擦净刀架安装面及刀具表面。

③准备好合适的垫刀片。

(2)安装方法与要领

车刀刀尖必须对准工件的旋转中心。若刀尖高于或低于工件旋转中心,车刀的实际工作角度会发生变化,影响车削。

可通过调整刀柄下的垫片厚度,保证车刀刀尖的高度对准工件旋转中心。

车刀刀尖对准中心的方法有:目测法、顶尖对准法、测量刀尖高度法。车刀的伸出长度应适宜,通常为刀柄厚度的 1.5~2 倍。夹紧车刀,不得使用加力管,以免损坏刀架与车刀锁紧螺钉。

装夹车刀,应确保车刀的刃磨角度不发生变化。

四、砂轮的选用和使用砂轮的安全知识

1. 砂轮的选用

一般情况下,磨高速钢车刀用白色氧化铝砂轮,因为氧化铝砂轮砂粒的韧性好,比较锋利,但硬度较低,其粒度号宜选择 46 号到 60 号;磨硬质合金刀具用绿色碳化硅砂轮,碳化硅砂轮的砂粒硬度高、切削性能好,但比较脆,其粒度号宜选择 60 号到 80 号。

2. 使用砂轮的安全知识

(1)新安装的砂轮必须严格检查,经过试运行后方可使用。

(2)刃磨刀具前,应检查砂轮有无裂纹,砂轮轴螺母是否拧紧,以免砂轮碎裂

或飞出伤人。

(3)砂轮支架与砂轮的间隙不得大于3mm,若发现过大,应适当调整。

(4)刃磨刀具时,应尽可能地使用砂轮的圆周面,并使刀具左右均匀移动,以使砂轮磨损均匀而不产生沟槽。

(5)应避免在砂轮的两侧面用力粗磨车刀,以致使砂轮受力偏摆、跳动,甚至破碎。

(6)刃磨刀具时,两手要握稳刀杆,但不能用力过大,防止打滑接触砂轮面而发生工伤事故。

(7)必须根据车刀材料来选择砂轮的种类,否则将达不到良好的刃磨效果。一般不允许在砂轮上磨有色金属和非金属材料,以免堵塞砂轮。

(8)若砂轮出现堵塞或有沟槽时,应及时用金刚笔修磨砂轮,否则,刃磨刀具将很困难。

(9)刃磨时,要戴好防护镜且不要正对砂轮的旋转方向,以免砂轮碎裂使操作者受伤。

(10)不要戴手套或用棉布包住刀具刃磨,以免手套或棉布被砂轮机卷入而发生事故。

五、刃磨车刀的姿势及方法

1. 刃磨车刀的姿势

(1)人站立在砂轮机的侧面,以确保安全。
(2)两手握刀要有一定的距离,一般前面为支点,后面控制方向和角度大小。
(3)两肘要夹紧腰部,以减小磨刀时抖动。
(4)磨刀时,刀具一般位于砂轮的水平中心,且刀尖略上翘5°左右。
(5)车刀在接触砂轮时,应从下至上逐渐刃磨至刀刃;车刀在退出砂轮时,应从下至上逐渐退离砂轮,以免磨好的刃口被碰伤。
(6)磨后刀面时,刀杆尾部应向左偏过一个主偏角的角度;磨副后刀面时,刀杆尾部应向右偏过一个副偏角的角度。
(7)修磨刀尖圆弧时,应左手为支点,右手转动车刀尾部。

2. 刃磨车刀的方法

车刀的刃磨方法有机械刃磨和手工刃磨两种。手工刃磨车刀方法步骤如下:

(1)在氧化铝砂轮上将刀面上的焊渣或多余的材料磨掉。
(2)在氧化铝砂轮上粗磨出刀杆材料的主后刀面和副后刀面,角度略大于主后角和副后角 2°左右。

(3) 磨主后刀面,同时磨出主偏角及主后角,如图 4-6a)所示。

(4) 磨副后刀面,同时磨出副偏角及副后角,如图 4-6b)所示。

(5) 磨前面,同时磨出前角,如图 4-6c)所示。

(6) 修磨各刀面及刀尖,如图 4-6d)所示。

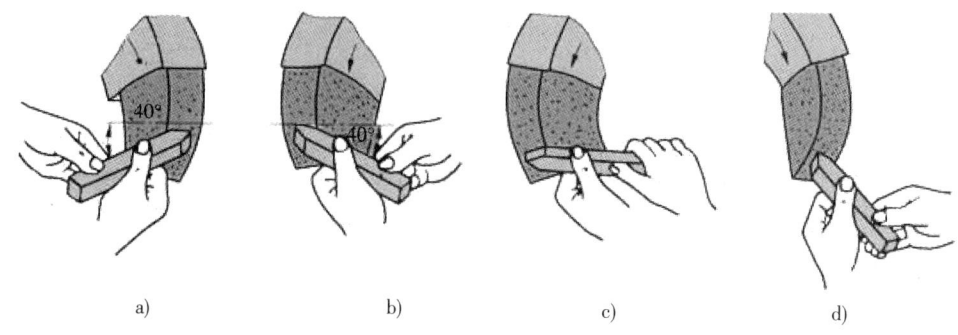

图 4-6 外圆车刀的刃磨步骤

第五章　车端面与钻中心孔

对工件端面进行车削称为车端面。

一、工件的装夹

车端面时,用三爪卡盘夹紧工件,工件的伸出长度不宜过长,以防止工件跳动过大而发生"打刀"或其他事故。一般悬伸长度不超过工件总长的1/3。并且应同时校正外圆与端面的跳动。

二、端面车刀的选择及安装

常用的端面车刀有45°车刀、90°车刀等。

1. 45°车刀

45°车刀,如图5-1所示,刀头强度和散热条件比90°车刀好,适用于工件直径较大、余量较多的端面车削。45°车刀的使用如图5-2a)所示。

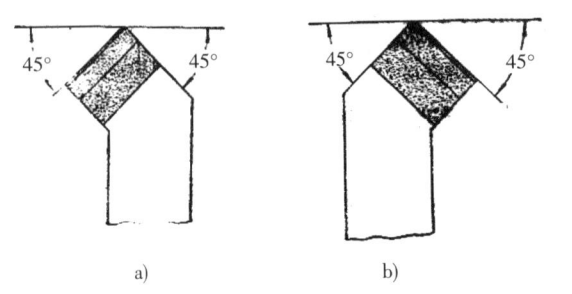 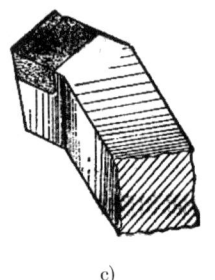

a)45°右　b)45°左　c)立体图

图5-1　45°车刀

2. 90°车刀

端面切削余量较少时可采用90°车刀车削,其安装和进给方式如图5-2b)所示。

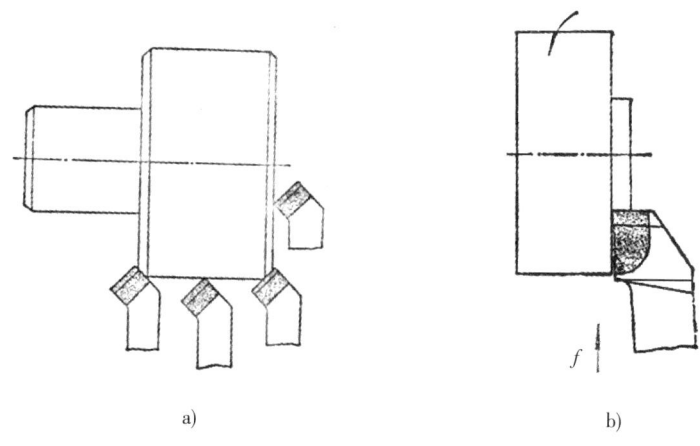

图 5-2 端面车刀的选用

三、车端面时切削用量的选择

切削用量选择的目的,是要在保证加工质量和刀具耐用度的前提下,使用切削时间最短,劳动生产率最高,成本最低。

切削用量三要素对刀具耐用度的影响是不同的,切削速度影响最大,其次是进给量,切削深度的影响最小。

1. 切削深度 a_p 的选择

切削深度根据加工余量确定,粗加工时,在留有精加工及半精加工的余量后,应尽量使一次走刀就能切除全部粗加工余量,若余量太大一次无法切除,则每次的被吃刀量(切削深度)一般取 2～5mm,给半精车和精车留 0.3～0.5mm 的余量。

2. 进给量 f 的选择

当切削深度确定后,进给量的选择受机床和刀具的刚度和强度、工件精度、表面质量和断屑等条件的限制。粗车时,在条件许可下应选大的进给量以提高生产率,通常选 0.2mm/r 左右。精车时,选小的进给量,以提高工件的加工精度和表面质量,一般选取 0.1mm/r 左右。

3. 切削速度 V_c 的选择

在生产实际中,先根据工件直径和初选的切削速度,后用公式 1.3,粗估算出主轴转速,最后按照车床的转速表选最接近的一挡转速。

四、车端面的操作方法与检查

1. 操作

首先安装好工件和刀具,开动机床使主轴转动。再将刀架快速移到适当的位置,使车刀的刀尖接近工件的外圆和端面 5 mm 左右,后手动进给使刀尖轻轻接触工件端面,中滑板退刀,小滑板进给控制切削余量,最后横向走刀。

2. 加工方法

车削端面的方法与选定的车刀种类有关系,用不同的车刀车削端面的方法,如图 5-3 所示。

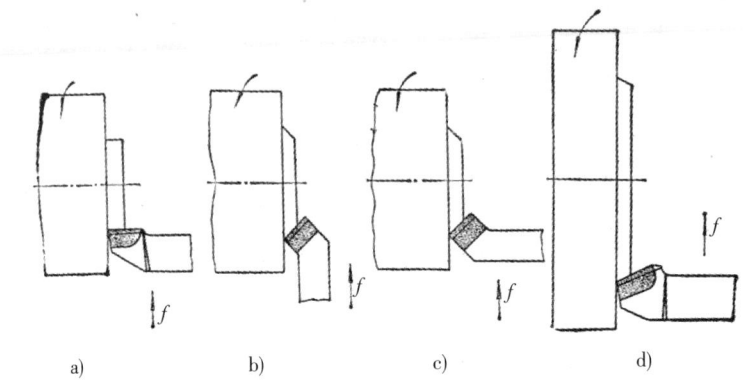

图 5-3 用不同车刀车削端面方法

当用 90°偏刀车削端面时,若刀具从工件外圆向工件中心进给,则是在用刀具副切削刃切削,切削不顺利。当切削深度较大时容易产生凹面,如图 5-4a)所示。如果从中心向外圆进刀,则是由主切削刃切削,因而不易发生凹面,如图 5-4b)所示。若在偏刀的副切削刃上磨出前角,使其变成主切削刃来横向切削,则不会产生凹凸面,如图 5-4c)所示。

3. 端面质量检查和分析

比较常见且简易的方法是用钢尺或平尺检查,如图 5-5 所示。
产生端面不平、凹凸或工件中心留有小凸台等现象的原因是:
(1)刀具安装不正确,刀尖与工件中心不等高。
(2)刀具不锋利,切削深度过大且车床滑板间隙过大。
端面表面粗糙度差的原因是:
(1)车刀不锋利。
(2)手动进给不均匀或机动进给量选择不合理。

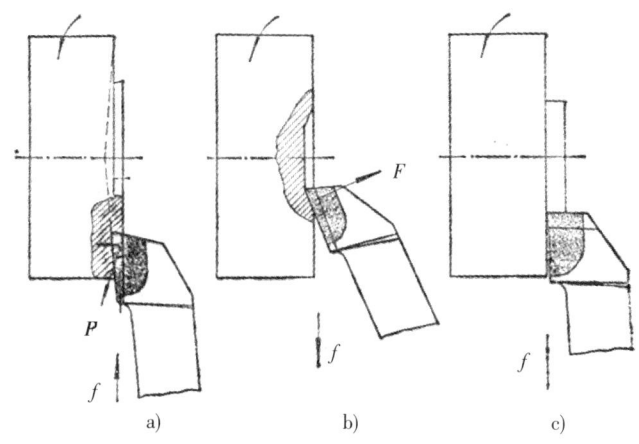

图 5-4 偏刀车削端面示意

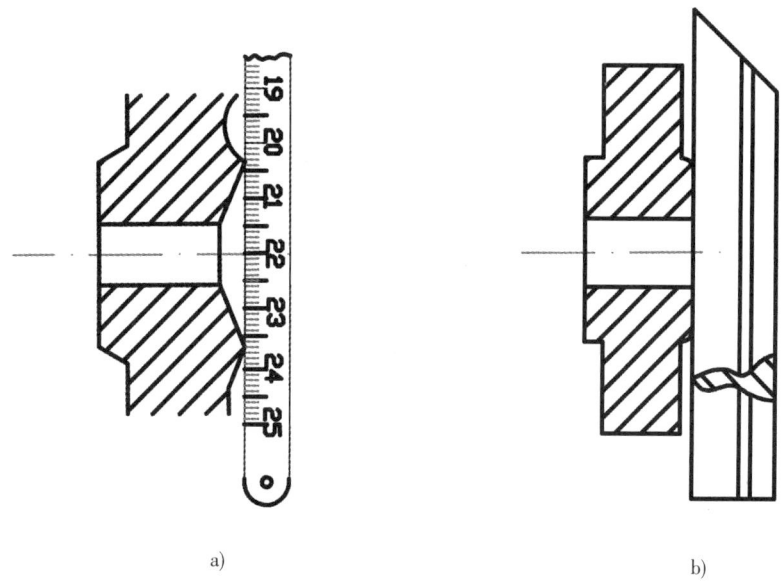

图 5-5 检查端面凹凸

4. 车端面时注意事项

(1) 车悬伸较长的工件端面时,应选用较低的转速。

(2) 确定端面的车削余量时,应注意车削前先测量毛坯长度,确定端面的车削余量。如工件两端面均需车削,一般先车的一端应尽可能少车,将大部分车削余量留在另一端。

(3) 车端面时,要求车刀刀尖严格对准工件中心,高于或低于工件中心,都会使工件端面中心处留有凸台,并易损坏刀尖。

(4) 粗车铸、锻件端面前,应先倒角,可防止表面硬皮损坏刀尖,一般第一刀切削深度要超过工件硬皮层,否则即使已倒角,但车削时刀尖仍在硬皮层,极易磨损。

(5)当刀尖在接近工件中心时要用手动进给,且进给量减小。

五、钻中心孔

对于较长的轴类零件加工,一般用中心孔定位,这时可在工件两端面上用标准中心钻钻出中心孔。

1. 中心孔的类型及用途

国家标准 GB145—85 规定,中心孔的类型有 A 型(不带护锥)、B 型(带护锥)、C 型(带螺孔)、R 型(弧形)四种,如图 5-6 所示,其中表 5-1 列举了 B 型中心孔的参数。

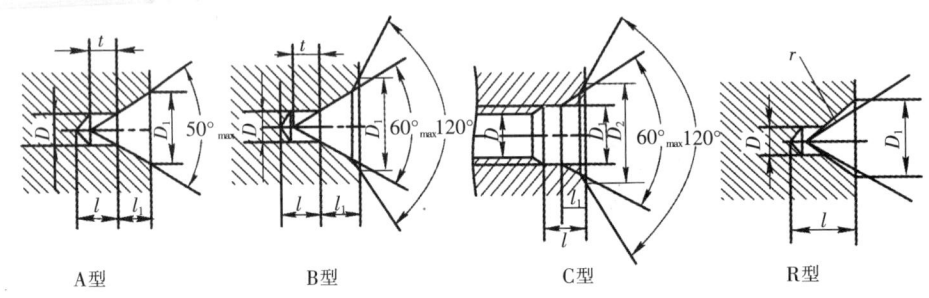

图 5-6 中心孔的类型

表 5-1 B 型中心孔各参数

D	D_1	参考		D	D_1	参考	
		l_1	t			l_1	t
1.00	3.15	1.22	0.9	1.00	12.50	5.05	3.5
(1.25)	4.00	1.60	1.1	(5.00)	16.00	6.41	4.4
1.50	5.00	1.99	1.4	6.30	18.00	7.36	5.5
2.00	6.30	2.54	1.8	(8.00)	22.40	9.36	7.0
2.50	8.00	3.20	2.2	10.00	28.00	11.66	8.7
3.15	10.00	4.03	2.8				

A 型中心孔由圆锥孔和圆柱孔两部分组成。圆锥孔的圆锥角一般为 60°,它与顶尖锥面配合,起定心作用并承受工件的重力和切削力,其圆柱孔用来储存润滑油,并可防止顶尖头触及工件。A 型中心孔适用于精度要求不高的工件。

B 型中心孔是在 A 型中心孔的端部再加工出 120°的保护锥面,用于防止 60°锥面碰伤而影响中心孔的精度,并且便于加工端面。B 型中心孔适用于精度要求高、工序较多的工件。

中心孔的质量直接影响到工件的加工精度,要求中心孔锥面应圆整光滑,两端中心孔轴线应同轴。对精度要求较高或热处理后仍需继续加工的工件,中心孔还应进行研磨。

中心孔尺寸以圆柱孔直径 D 为基本尺寸。直径 6 mm 以下的中心孔可以中心钻一次直接钻出。

2. 钻中心孔的方法

中心孔一般用中心钻在车床上钻出。

(1)为了钻削平稳,工件装夹时,应尽可能悬伸短些,找正后先车好端面,再使中心钻缓慢钻入工件端面,钻到目标尺寸应停留几秒后再退出中心钻。

(2)钻中心孔时,要勤退刀,及时清除切屑,必要时浇注切削液。

3. 中心钻防断措施

钻中心孔时,由于中心钻切削部分直径较小,刚性差,须注意防断。

(1)中心钻与工件旋转中心不一致,使中心钻受到一个附加力而折断。这通常是由于车床尾座偏位或钻夹头锥柄与尾座套筒的锥孔接触不良而造成的。因此,钻中心孔前应先找正中心孔的位置。

(2)工件端面必须车平,否则会使中心钻不能准确定心而折断。

(3)切削用量选择应合理,工件转速太低或进给太快,都会造成中心钻被折断。

(4)中心钻磨钝应及时更换,否则容易折断。

(5)及时清除切屑,否则切屑会堵塞中心孔而使中心钻折断。

(6)当中心钻断在中心孔内,应将断头从孔内完全取出后再修整,否则容易再次折断中心钻。

第六章 车削外圆和阶梯轴

车外圆是车工操作最基本的工作内容之一。

车削轴类零件一般分粗车和精车两个阶段。粗车时,要留一定的精车余量,且要尽快地将毛坯多余的金属去除,以提高切削效率。精车时,因余量少,必须保证工件达到图样所要求的尺寸精度和表面质量。

一、外圆车刀的选用和安装

1. 外圆车刀的选用

(1) 粗、精车刀的选用

粗车的特点是切削深、进给快,因此对粗车刀的要求是:有足够的强度,能在一次进给中车去较多的余量。

选择粗车刀几何参数的一般原则是:

① 为了增强刀头强度,前角 γ_0 和后角 α_0 应取小些。

② 粗车时选用 $-3°\sim 3°$ 的刃倾角以增加刀头的强度。

③ 主偏角 K_γ 不宜太小,太小容易引起振动。当工件形状许可时,最好选用 75°左右,因为这时的刀尖角 ε_r 较大,不仅能承受较大的切削力,而且还有利于刀尖散热。

粗车塑性材料时,为保证切削能顺利进行和自行断屑,应在前刀面上磨有断屑槽。断屑槽类型常用的有直线形、圆弧形和直线圆弧形三种。

精车的特点是工件必须达到规定的尺寸精度和表面粗糙度,因此要求车刀必须锋利,切削刃要平直光洁,刀尖处应磨有修光刃,且使切屑排向工件的待加工表面。

选择精车刀几何参数的一般原则是:

① 为使车刀锋利,切削轻快,前角 γ_0 一般应取大些。

② 为了减小车刀和工件之间的摩擦,后角 α_0 应取大些。

③ 为使切屑排向工件的待加工表面,应取正值的刃倾角。

④ 为了减小工件的表面粗糙度,应取较小的副偏角 K_γ'。

精车塑性金属材料时,为了顺利进行和自行断屑,车刀前刀面应磨较窄的断屑槽。

(2) 刀具类型的选择

① 90°偏刀　90°车刀又称偏刀,其主偏角 K_γ 为 90°左右,分为右偏刀和左偏刀两种,如图 6-1 所示。

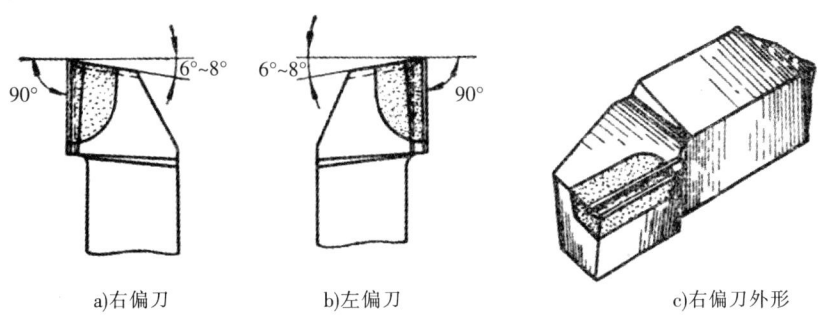

a)右偏刀　　　　b)左偏刀　　　　c)右偏刀外形

图 6-1　偏刀

右偏刀用于正向进给,一般用来车削工件的外圆、端面和右向台阶,如图 6-2a)所示。车外圆时,因它的主偏角较大,作用于工件的径向力较小。

左偏刀用于反向进给,一般用来车削左向台阶和工件的外圆,如图 6-2b)所示。

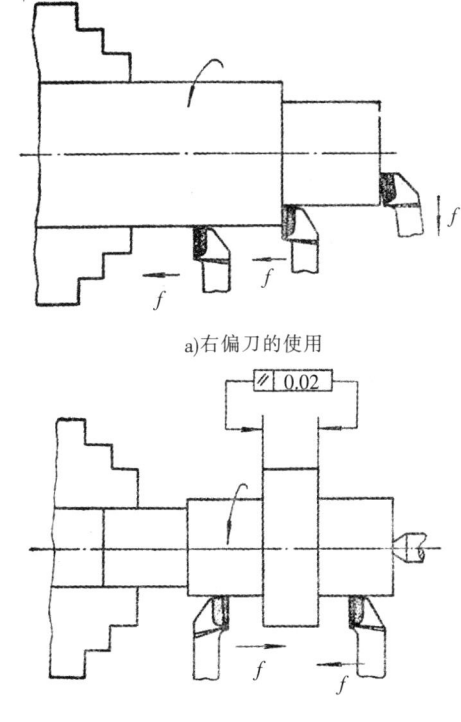

a)右偏刀的使用

b)左偏刀的使用

图 6-2　偏刀的使用

② 75°车刀　其主偏角 K_γ 为 75°,刀尖角 ε_r 大于 90°,刀头强度好,因此适用于粗车轴类零件的外圆等。

2. 外圆车刀的安装

车刀安装的正确与否,将直接影响切削的进行和工件的加工质量。因此,安

装车刀时,应注意以下问题:

(1)车刀安装在刀架上,一般伸出量为刀杆高度的1～1.5倍。伸出过长,切削时易产生振动,影响工件的表面质量。

(2)车刀刀尖一般应与工件轴线等高,否则会使刀具的前、后角数值发生变化,如图6-3所示。

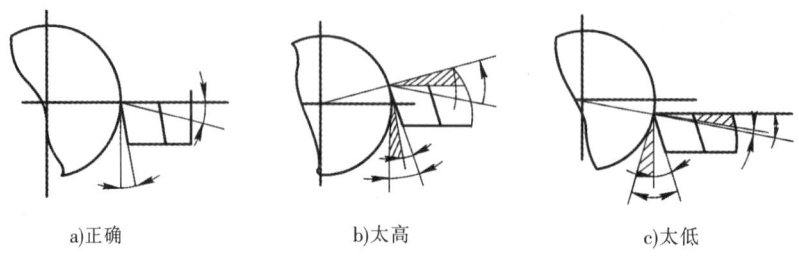

图6-3 车刀高低对前后角的影响

(3)车刀的垫片要平整,数量要少,垫片应与刀架对齐,如图6-4所示。

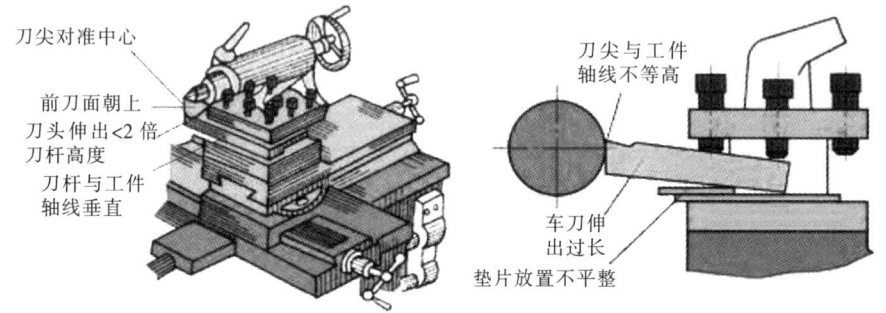

图6-4 车刀的安装

(4)车刀刀杆中心线应与进给方向垂直,否则会使刀具主偏角和副偏角的数值发生变化,如图6-5所示。

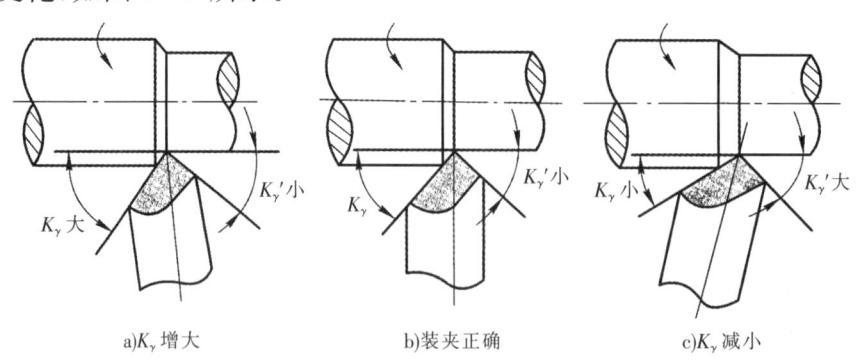

图6-5 车刀装偏对主、副偏角的影响

(5)调整中心高时,至少要用两个螺钉交替将车刀拧紧。

二、工件的装夹与校正

1. 工件的装夹

为确保安全,应将主轴置于空挡位置,安装工件步骤如下:

(1)张开卡爪,张开量略大于工件直径,右手持稳工件,将工件平行地放入卡爪内,并作稍稍转动,使工件在卡爪内的位置基本合适。

(2)左手转动卡盘扳手,待工件轻轻夹紧后,右手方可松开工件,然后双手转动卡盘扳手,将工件夹紧。

(3)在满足加工需要的情况下,尽量减少工件的伸出长度,以提高工艺系统的刚性。

2. 工件的校正

三爪自定心卡盘是自动定心夹具,装夹工件一般不需校正。但当工件夹持长度较短而伸出长度较长时,必须校正后方可车削。否则,可能导致加工余量不足,或者因跳动过大产生断续切削而使得刀具磨损过快甚至打刀。

当毛坯余量较大可用划针找正,余量较小的毛坯精加工时可用百分表找正。工件的校正方法:将划针尖靠近轴端外圆,左手转动卡盘,右手轻轻敲动划针,使针尖与外圆的最高点正好未接触到,然后目测针尖与外圆之间的间隙变化,当出现最大间隙时,用锤子将工件轻轻向针尖方向敲动,使间隙缩小约一半,然后,将工件再夹紧些。重复上述检查和调整,直到跳动量小于加工余量即可。工件校正后,应用力夹紧。

三、车削用量的选择

车削时,应根据加工要求和切削条件,合理选择切削深度、进给量和切削速度。

1. 切削深度 a_p 的选择

切削深度的选择,由工件的加工余量和工艺系统(机床、刀具、夹具、工件等组成)的刚度决定。粗车时,应尽可能选用较大的切削深度,以减少进刀次数;只有当车削余量很大,一次进刀车削会引起振动,造成刀具、车床等损坏时,才考虑分几次车削,但前几次特别是第一次车削时,切削深度应选大一些,以使刀尖部分避开工件表面的冷硬层,提高生产率。半精车和精车,其车削余量一般分别为 1~3 mm 与 0.1~0.5 mm,通常一次车削完成。

2. 进给量 f 的选择

粗车时,在工艺系统刚度许可的条件下进给量应选大些,以缩短进给时间,一般取 $f=0.3\sim0.8\,\mathrm{mm/r}$;精车时,为保证工件粗糙度的要求,进给量应选小些,一般取 $f=0.08\sim0.3\,\mathrm{mm/r}$。

3. 切削速度 V_C 的选择

在切削深度与进给量确定之后,切削速度 V_C 应根据车刀的材料及几何角度、工件材料、加工要求与冷却润滑等情况确定。

四、车外圆的操作步骤

1. 检查毛坯尺寸,选用车削用量

根据加工余量确定进刀次数与切削深度及其进给量。

2. 确定车削长度

首先用钢直尺或样板量取加工长度,如图 6-6 所示,然后用划针或卡钳在工件表面画出加工线,如图 6-7 所示。也可以利用床鞍刻度盘转过的刻度来检测车削长度。

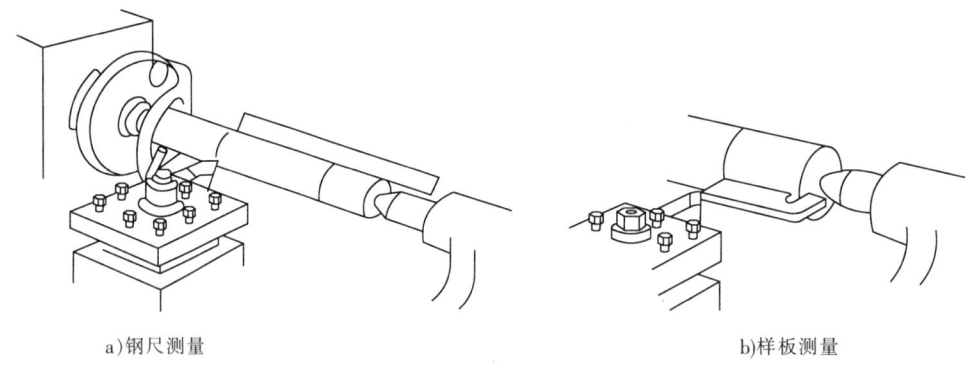

a)钢尺测量　　　　　　　　　　　　b)样板测量

图 6-6　车削长度控制方法

3. 启动前准备

启动机床前,用手转动卡盘,检查有无碰撞处,并调整车床主轴转速。

4. 试切

为了控制车削尺寸,通常都要采用试切,试切步骤如图 6-8 所示。

(1)启动车床,移动床鞍与中滑板,使车刀刀尖与工件表面轻微接触,如图

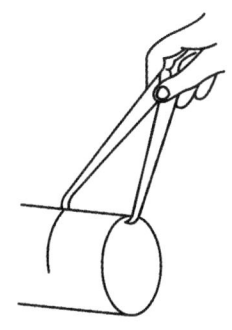

图 6-7　卡钳画线

6-8a)所示,并记下中滑板刻度。

(2)中滑板丝杠手柄不动,移动床鞍,退出车刀与工件端面距 2~5mm,如图 6-8b)所示。

(3)按选定的切削深度 a_{p1},摇动中滑板丝杠手柄,根据中滑板刻度作横向进给,如图 6-8c)所示。

(4)纵向走刀,试切长度 1~3mm,如图 6-8d)所示。

(5)中滑板丝杠手柄不动,向右退出车刀,停车,测量工件尺寸,如图 6-8e)所示。

(6)根据测量结果,调整切削深度 a_{p2},如图 6-8f)所示,如果尺寸合格,即可手动或自动进刀车削(中滑板丝杠手柄不动);如果不符合要求,则应根据中滑板刻度调整切削深度,再进刀车削。

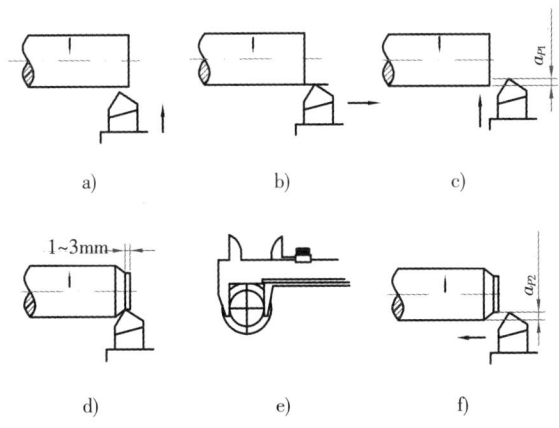

图 6-8　外圆试切步骤

(7)当手动或自动进刀车削到达外圆长度刻度处时,应停止进给,摇动中滑板丝杠手柄,退出车刀,并将床鞍退回原位,最后停车。

(8)检测外圆直径尺寸用游标卡尺或千分尺,检测长度尺寸一般用钢直尺或用游标深度尺。

5. 直径尺寸的控制

利用中滑板,通过试切调整切削深度来完成,因此必须学会使用中滑板刻度盘。为保证进给尺寸正确,必须注意如下事项:

(1)丝杠螺母间存在间隙,会产生空行程现象,即当刻度盘转动时,滑板、刀架并未移动。进给时,应将刻度慢慢地转到所需刻度上,如图6-9a)所示;如不慎将刻度盘多转了几格刻度,不能简单地直接退回多转的格数,如图6-9b)所示,必须向进给的反方向退回全部空行程后,再向进给方向转过所要的格数,如图6-9c)所示。

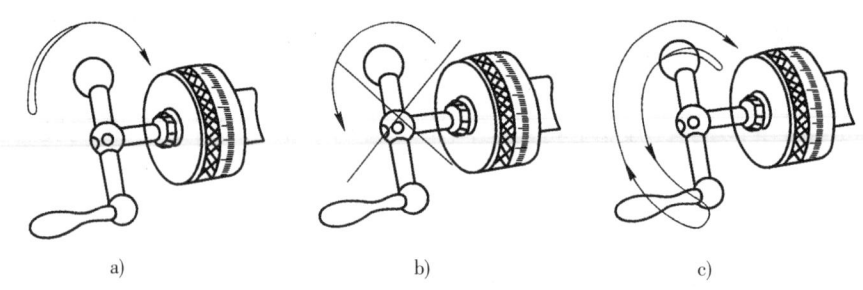

图 6-9 刻度盘的使用

(2)每台机床的间隙都不一样,必须反复地练习,找出本台机床的特点,以便更好地控制尺寸。

(3)使用中滑板刻度时,车刀横向进给的切削深度 a_p 正好为工件直径变化量的1/2,使用时,应特别注意刻度值与直径尺寸之间的关系。

(4)外圆车完后,应在外圆与平面的交角处用45°车刀倒角,倒角的大小由图样决定,如果图样未标注,也必须将锐边倒钝0.2~0.3mm,以防锐边伤人。

五、车台阶

1. 车刀的选用

台阶外圆用90°偏刀车成,偏刀的主偏角应略大于90°,通常为91°~93°。

2. 台阶长度的控制

常用的方法有以下两种:

(1)刻线痕法

以已加工端面为基准面,用钢直尺量出台阶长度尺寸,用刀尖对准钢直尺的刻度处,开车,再用刀尖轻轻刻出线痕。

(2)床鞍刻度控制法

启动车床,移动床鞍与中滑板,使刀尖靠近工件端面,再移动小滑板,使刀尖与工件端面(基准面)轻轻接触。接着横向退出车刀,将床鞍刻度盘调整至零位,当精度要求不高时,可用床鞍上大滑板的刻度控制长度;当精度要求较高时,可先用床鞍上大滑板移动到接近所要求的长度,再用小滑板来精确定位,控制长度。

3. 车削低台阶

相邻两圆柱直径差较小为低台阶,可用90°偏刀直接车削,如图6-10a)所示,但最后一次进刀时,车刀在纵向进刀结束后,须转动中滑板丝杠手柄均匀退出车刀,以确保台阶面与外圆表面垂直。

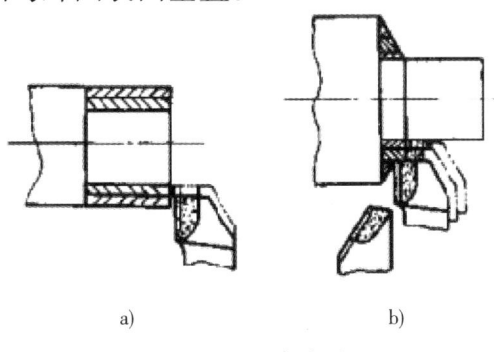

图6-10 车台阶

4. 车削高台阶

相邻两圆柱直径差较大的为高台阶。通常采用分层切削,如图6-10b)所示,可先用75°偏刀粗车,再用90°偏刀半精车和精车,当车刀刀尖距离台阶位置1~2mm时,应停止机动进给,改用手动进给。当车至台阶位置时,车刀应横向慢慢退出。

5. 台阶的测量

台阶的长度,通常用钢直尺或用游标卡尺上的深度尺来测量,也可用样板检测。

6. 倒角

在台阶与外圆交角处,应倒钝锐边或根据要求倒角。

第七章 切断与车槽

把车削完成后的工件从原材料上切割下来,这样的加工方法叫切断。

在外圆或轴肩部位车削沟槽,称为车槽,一般用于加工螺纹时的退刀槽或磨削时砂轮的越程槽等。

一、切断刀的选用及其安装

切断刀以横向进给为主,前端的刀刃为主切削刃,两侧刀刃为副切削刃,其特点是主切削刃较窄,刀头较长,所以强度较差,易被折断,在选用刀头的几何参数和切削用量时应特别注意。

1. 切断刀的种类与选用

常用的切断刀有高速钢切断刀、硬质合金切断刀等。切断较小直径工件时,通常采用高速钢切断刀;切断较大直径或较硬的材料时,常采用硬质合金切断刀。

(1)高速钢切断刀及其几何角度,如图 7-1 所示。

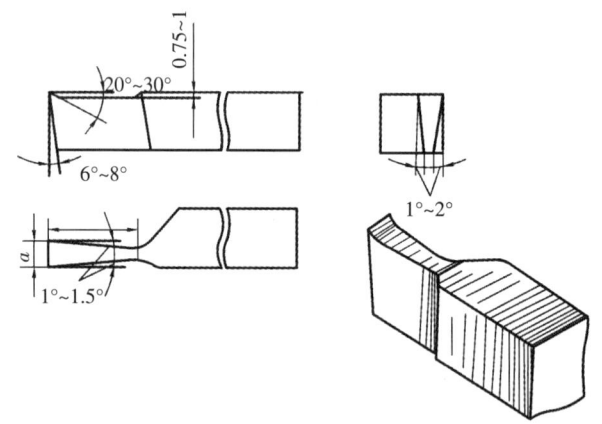

图 7-1 高速钢切断刀及其几何角度

① 前角 γ_0 切断中碳钢时一般取 20°～30°,切断铸铁时取 0°～10°。

② 后角 α_0 切断塑性材料时取大些,切断脆性材料时取小些,一般取 6°～8°。

③ 副后角 α_0' 切断刀有两个对称的副后角,一般取 1°～2°。

注意,在切断时,工件端面上往往会留有一个小凸台,如图 7-2a)所示,解决的方法是把主切削刃略磨斜些,如图 7-2b)所示。

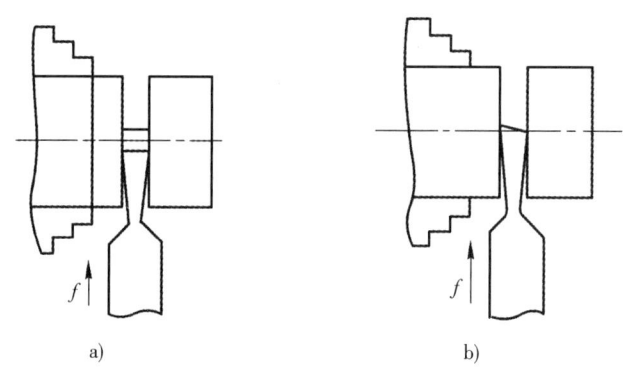

图 7-2 切断时的工件的端面

(2) 硬质合金切断刀的几何角度

硬质合金切断刀与高速钢切断刀的几何角度有相同的要求,如图 7-3 所示。

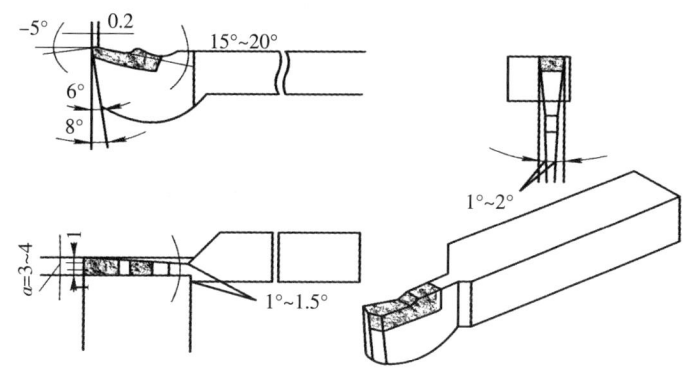

图 7-3 硬质合金切断刀及其几何角度

2. 切断刀的安装

(1) 刀具不要伸出过长,且刀具中心线要垂直于工件中心线,保证两个副偏角对称相等。

(2) 在切实心工件时,主切削刃的刀尖要与主轴轴线等高,否则不能切到工件的中心,而且容易崩刃甚至折断"打刀"。

(3) 刀具的底平面应平整,以保证两个副后角对称。

二、切断、切槽时的切削用量

1. 切削深度

切断切槽时的切削深度就是主切削刃的宽度。

2. 进给量

切断、切槽刀的刀头强度较低,应适当减小进给量,进给量过大时容易使刀头折断;进给量过小又会使刀具的后面和工件表面强烈摩擦,引起振动。因此,进给量的大小应根据工件和刀具材料来决定。

(1)高速钢刀具的进给量

在切削钢件时,$f=0.05\sim0.1$ mm/r;在切削铸铁时,$f=0.1\sim0.15$ mm/r。

(2)硬质合金刀具的进给量

在切削钢件时,$f=0.1\sim0.15$ mm/r;在切削铸铁时,$f=0.15\sim0.2$ mm/r。

3. 切削速度

(1)高速钢刀具的切削速度

切削钢件时,$V_C=0.5\sim0.6$ m/s;切削铸铁时,$V_C=0.25\sim0.42$ m/s。

(2)硬质合金刀具的切削速度

切削钢件时,$V_C=1.33\sim2$ m/s;切削铸铁时,$V_C=1.0\sim1.67$ m/s。

三、切断、切槽的车削方法

直角沟槽可用切断刀车削,但切削刃必须平直。车削宽度不大的沟槽,可用刀头宽度等于槽宽的切断刀直进法一次车出。较宽的沟槽,用切槽刀分几次纵向进给,先把槽的大部分余量车去,但必须在槽的底部与两侧留有余量,最后根据槽的位置、宽度和深度进行精车。这样既有利于提高槽的位置尺寸精度,又降低槽的表面粗糙度数值。

1. 切断、切槽前的准备

(1)工件应装夹牢固,工件伸出长度在满足切断位置的前提下应尽可能短。

(2)刀具应装夹牢固,且主切削刃应与主轴平行。

(3)中、小滑板的间隙应调小些,以减小让刀量,防止打刀。

(4)移动床鞍,用钢直尺对刀,确定切断位置并做记号(画线或用机床刻度盘)。注意工件的长度上要留有加工余量,如图7-4所示。

2. 切断的方法

(1)切断方法有直进法与左右借刀法。工件直径较小时,可采用直进法,如图7-5a)所示;工件直径较大时,可采用左右借刀法,如图7-5b)所示。

(2)手动切断进给时,中滑板进给的速度应均匀,并要控制断屑。工件直径较大或长度较长时,一般不能直接切到工件中心,当切至离工件中心 2~3 mm 时,将车刀退出,停车后用手将工件扳断。

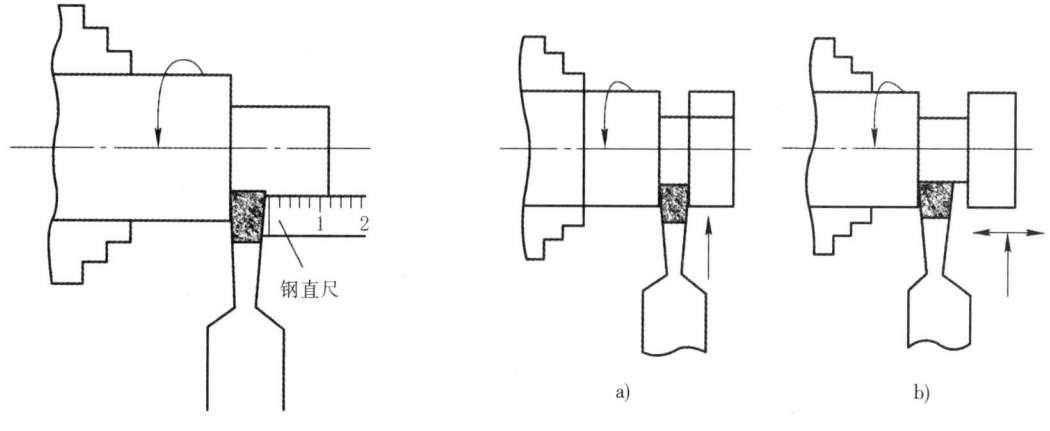

图 7-4 切断位置的确定　　图 7-5 切断的方法

3. 切槽、切断时的注意事项

(1)工件的毛坯表面不圆时,应先车外圆。刚开始切入工件时,进给速度应慢些且进给均匀,以防"扎刀"。

(2)当用一夹一顶装夹工件时,不要把工件全部切断,以防工件折断后飞出。

(3)发现切断面上凹凸不平或有明显扎刀痕迹时,应及时修磨切断刀。

(4)发现车刀切不进时,应立即退刀,检查车刀是否对准工件中心或是否锋利等。

(5)如果切削中途需要停车,必须先退刀,后停车,以避免刀头折断。

(6)切断接近中心时,用手动进给,且降低进给量。

4. 外沟槽的测量

外沟槽的直径可用卡钳或游标卡尺测量,其宽度可用游标卡尺、塞规或卡规来检测,如图 7-6 所示。

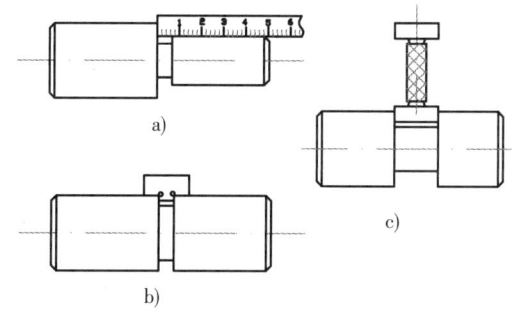

图 7-6 外沟槽的测量

四、切断刀折断的原因和防止切削振动的措施

1. 切断刀折断的原因

在切断过程中,刀头进入工件越深,排屑越困难,同时被切割的直径越小,切削速度变化越大,如果前角太小或断屑槽选择不合理,易造成切屑堵塞,使刀头承受的压力剧增,引起切断刀折断。

(1)切断刀的几何形状刃磨不正确,副后角、副偏角太大,主切削刃太窄,刀头过长,削弱了刀头的强度;切削刃前角过大,造成扎刀。另外,刀头歪斜,切削刃两边受力不均,也易使切断刀折断。

(2)切断刀安装不正确,两副偏角安装不对,或刀尖没有对准工件中心。

(3)进给量太大或断续切削。

2. 防止切削振动的措施

由于切断刀刀头部分狭长,支承刚性和强度比较差,且切断时刀刃是沿着径向进给的,而车床恰恰是径向刚性差,这样在径向进给时往往会产生振动,使切削无法进行,甚至损坏刀具。可采用下列措施防止切削振动:

(1)机床主轴间隙及中、小滑板间隙应尽量调小。

(2)适当增大刀具前角,使切削锋利且便于排屑,适当减小后角。

(3)切断刀离卡盘的距离一般应小于被切工件的直径。

(4)适当加快进给速度或减慢主轴转速。

第八章 车圆锥面

一、圆锥的参数及其计算

1. 圆锥的参数

圆锥的参数,如图 8-1 所示。

(1) 大端直径 D

为圆锥最大直径,简称大端直径。

(2) 小端直径 d

为圆锥最小直径,简称小端直径。

(3) 圆锥角 α

在通过圆锥轴线的截面内,两条素线之间的夹角称圆锥角。

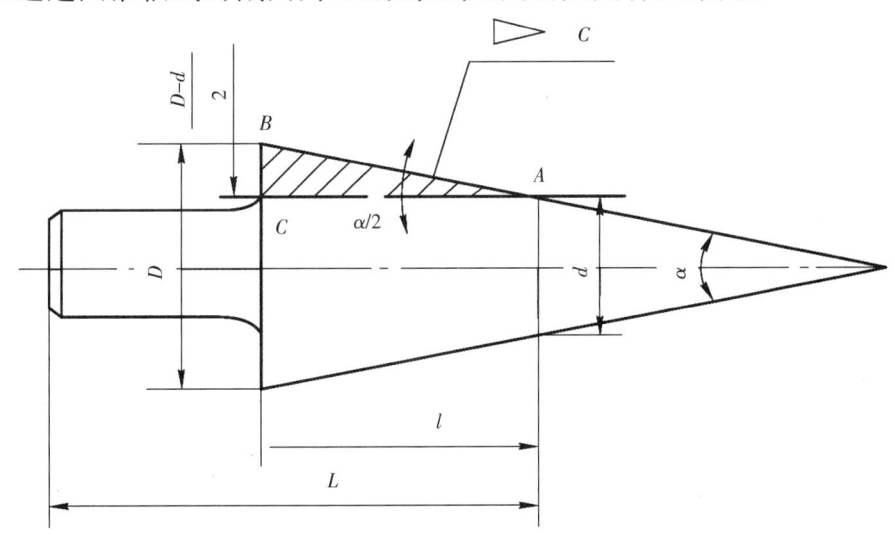

图 8-1 圆锥的参数

(4) 圆锥半角 $\alpha/2$

圆锥角的一半,也就是圆锥母线和圆锥轴线之间的夹角。

(5) 圆锥长度 l

圆锥大端和小端之间的垂直距离。

(6) 锥度 C

圆锥大端直径与小端直径之差和圆锥长度之比称锥度。

(7)斜度 C/2

圆锥大小端直径之差和圆锥长度之比的一半。

2. 圆锥参数计算

一个圆锥的基本参数有四个：$\alpha/2$(或 C)、D、d、l，只要知道其中的任意三个，即可计算出另外一个参数。各参数的关系式为：

$$\tan\frac{\alpha}{2} = \frac{D-d}{2l} \qquad 式 8.1$$

$$D = d + 2l\tan\frac{\alpha}{2} \qquad 式 8.2$$

$$d = D - 2l\tan\frac{\alpha}{2} \qquad 式 8.3$$

$$l = \frac{D-d}{2\tan\frac{\alpha}{2}} \qquad 式 8.4$$

二、转动小滑板角度法车削圆锥

车削长度较短、锥度较大的圆锥体时，通常用转动小滑板的方法。即将小滑板按零件的要求转一定的角度，使车刀的运动轨迹和圆锥母线平行，然后手动进给，车削圆锥体。这种方法可以车削正反锥体、内外锥体，但受小滑板行程限制，不能车削较长的锥体。又由于是手动进给，表面粗糙度较难控制，需多练习。

1. 车削前的准备

(1)装夹车刀

无论采用何种方法车圆锥，车刀刀尖均须严格对准工件中心，否则，会使车出的圆锥体母线不直。

(2)确定小滑板的扳转角度

根据图样给定的尺寸或工艺要求，计算出圆锥半角 $\alpha/2$，即为小滑板应扳转的角度；小滑板的扳转方向，根据圆锥的形状确定，如图 8-2 所示。

(3)调整小滑板的间隙

调整小滑板塞铁间隙时，应边调整边转动小滑板丝杠的手柄，以手感合适为宜。

2. 车削步骤与操作要领

(1)车削圆锥步骤

一般先按锥体的大端直径和锥体长度车成圆柱体,再车圆锥体,如图 8-3 所示。

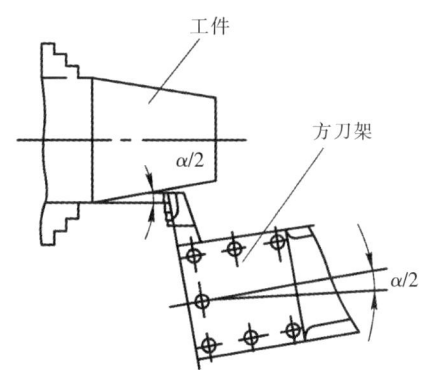

图 8-2　扳转小滑板车锥度　　　　图 8-3　车锥体的步骤

(2)转动小滑板的角度

首先应根据圆锥形状确定小滑板的转动方向,松开小滑板转盘固定螺母,按要求转动转盘至所需的刻度后再扳紧固定螺母。

(3)确定小滑板行程

先将小滑板移至锥长处,轻刻一条线,如图 8-3 所示,然后将小滑板退至行程起始位置,检查工作行程是否足够。确定行程后再固定床鞍位置。

(4)粗车

中滑板进刀,第一次的切削深度不能太大,以免由于转动角度误差导致工件报废。然后双手交替摇动小滑板进刀手柄,手摇速度要均匀不间断,随车削长度增大,切削深度随之减小。车完圆锥体后中滑板退出车刀,小滑板随即复位到起始位置。注意,记下未退刀时中滑板的刻度值,床鞍不动。

(5)停车测量,调整圆锥角度

可用游标卡尺测量圆锥小端尺寸与圆锥长度。若圆锥角偏大,这时应松开小滑板固定螺母,轻轻敲动小滑板,使其转角向顺时针方向略调小一些,也可用万能角尺直接测量工件角度后再调整小滑板角度。

(6)圆锥角初调整后,在中滑板原刻度上(不能多进或少进一圈),再次进刀车锥体,车完后退出车刀,小滑板随即复位,最后停车。

(7)精车

圆锥角度找正后,应车削圆锥尺寸至工艺要求。

3. 锥体尺寸的控制和检测

(1)锥体尺寸的控制

在车削圆锥的过程中,如果锥度已经调准确,而大小端尺寸还未达到要求

时,必须再进刀切削,如何确定切削深度,可以用下面的方法计算:

①计算法 用钢直尺或游标卡尺量出工件小端面至锥度套规两界限面之间的数值 a(轴线方向),然后确定切削深度 a_p,如图8-4所示。切削深度 a_p 的值可用下式计算:

$$a_p = a \times \tan\frac{\alpha}{2}$$

或 式8.5

$$a_p = a \times \frac{C}{2}$$

当切削深度确定后,移动中、小滑板,使刀尖在圆锥的小端处,轻轻接触后,记下刻度,退出小滑板,中滑板按计算值 a_p 进刀,小滑板手动进给精车圆锥至合格尺寸。

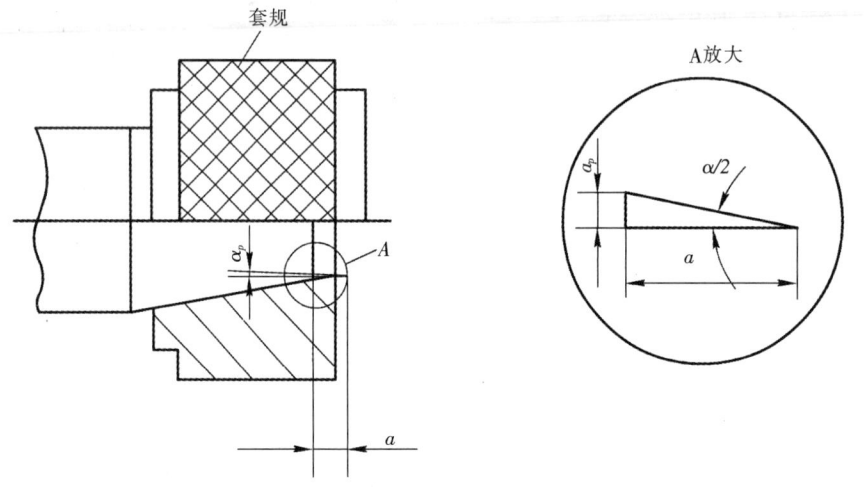

图8-4 外锥尺寸控制方法

②移动床鞍法 当量出工件端面至界限套规台阶中心面的距离为 a 时,如图8-5a)所示,可移动中、小滑板,将刀尖在圆锥小端处对刀后退出小滑板,中滑板不动,使车刀退至与工件端面的距离为 a,如图8-5b)所示,再向左移动床鞍距离为 a,如图8-5c)所示,使车刀与工件端面接触,再手动进给,精车圆锥,可保证圆锥尺寸合格。

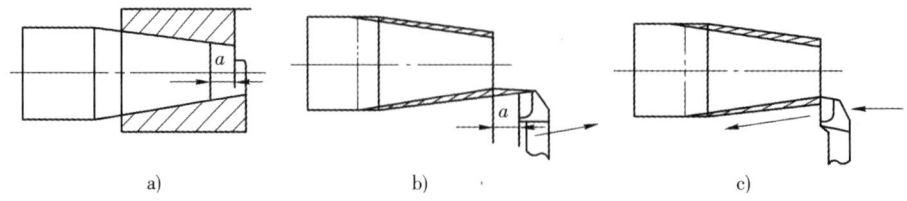

图8-5 移动床鞍控制外锥尺寸

(2)检验圆锥角度

粗车时,务必找正圆锥角度,通常用锥度套规采用"间隙法"检验,如图8-6所示。

检验时,把锥度套规套在工件上,并在套规与工件接触的大端或小端作上下摇动,如发现其中大端有间隙,则说明工件圆锥角太小,如图8-6b)所示;若小端有间隙,则说明工件的圆锥角太大,如图8-6c)所示;如大、小端都无间隙,说明圆锥角基本正确,如图8-6a)所示。如发现角度不对,应继续调整小滑板的扳转角度,并再次进刀试车,直至角度基本合格。

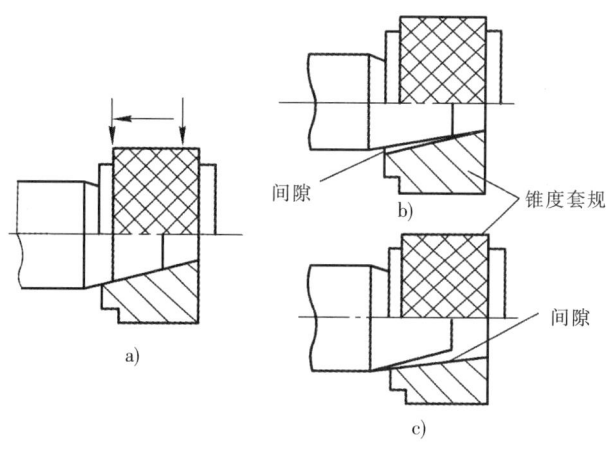

图8-6 锥度套规检测锥度的方法

另外,也可用涂色法精确检验圆锥接触面积来测定圆锥角度。具体的方法是:用显示剂(红丹粉或印油)在工件表面顺着圆锥素线均匀地涂上2~3根线,要求薄而匀,如图8-7所示。检验时,将标准套规套在工件圆锥上,轻轻加轴向推力,并将套规转动约半周,然后取下套规,观察显示剂被擦去的情况,如果三条显示剂在工件全长上均匀被擦去,说明接触良好,锥度正确;如果显示剂只有部分被擦去,说明圆锥角度不正确或圆锥素线不直。

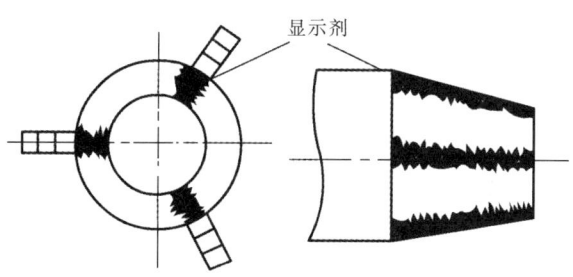

图8-7 涂色法检测锥度的方法

三、其他车外圆锥方法简介

1. 偏移尾座法车圆锥

对于锥体较长而锥度较小的圆锥形工件,可采用偏移尾座法进行车削。此方法可以自动走刀。车削时,工件装夹于二顶尖之间,把尾座横向移动一段距离 S,使工件回转轴线与车床主轴轴线成一个斜角,尾座的偏向取决于工件的大小。

头在两顶尖间的位置,其偏斜角度等于圆锥半角 $\alpha/2$,如图 8-8 所示。但不能车削内圆锥。

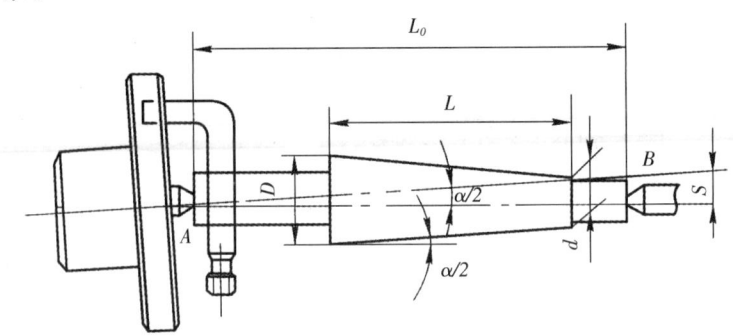

图 8-8 偏移尾座法车圆锥

2. 宽刃车刀车圆锥

用宽刃车刀车圆锥,属于成形车削,主要适用于车削短锥体。宽刃车刀的刀刃必须平直,装刀时刀刃与主轴的夹角等于圆锥斜角 $\alpha/2$。车削时,切削用量应小些,且要求车床具有较好的刚性,否则易引起振动。如果工件圆锥面长度短于切削刃时,可采用直进法直接车出,如图 8-9a)所示;当工件圆锥长度大于切削刃时,可以采用多次接刀法加工,但接刀处必须平整,如图 8-9b)所示。

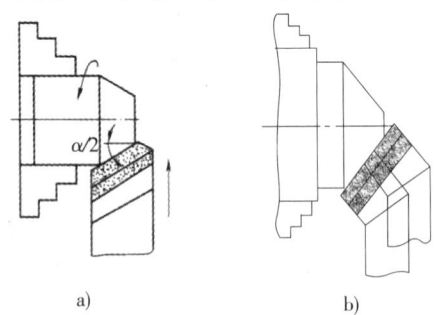

图 8-9 宽刃车刀车圆锥

3. 靠模法车圆锥

靠模板装置是车床在加工圆锥面的附件，用于加工较长的圆锥体，且批量生产。

四、车锥度注意事项

(1)刀尖必须严格对准工件中心。
(2)调整小滑板塞铁，使小滑板移动松紧均匀。
(3)套规检查时，内锥表面必须擦干净，外锥表面涂色应薄而均匀，转动量一般在1/3～1/2圈，否则易造成误判。
(4)有半精车过程，以便检测、调整和控制圆锥尺寸。
(5)精车时，切削深度不宜过大，应先校准锥度，以免工件车小而报废。
(6)精车时，手动进给均匀，不能有停顿，否则影响表面质量。

第九章 孔 加 工

车床上加工内孔的方法有钻孔、扩孔、车孔和铰孔。钻孔、扩孔适用于粗加工；车孔用于半精加工与精加工；铰孔通常只用于精加工。

利用钻头在实体上钻出孔的方法称钻孔，钻孔的尺寸公差等级在 IT10 以下，表面粗糙度为 $Ra12.5\mu m$，用于孔粗加工。在车床上钻孔，如图 9-1 所示。

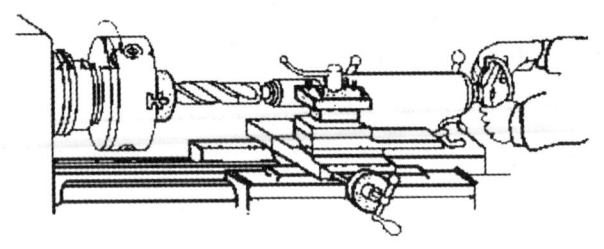

图 9-1 车床钻孔

一、麻花钻和镗孔刀具的选用及安装

1. 麻花钻的几何形状和主要切削角度的刃磨质量会直接影响加工质量

(1)麻花钻角度的检测方法

①两主切削刃对称性的检测。可用万能角度尺直接测量。测量时，将刻度值调至 121°，如图 9-2 所示，角度尺另一边检查主切削刃长度。检查时可用透光法来比较两切削刃的高低。两主切削刃高度不一致时应修磨，直至相等为止。

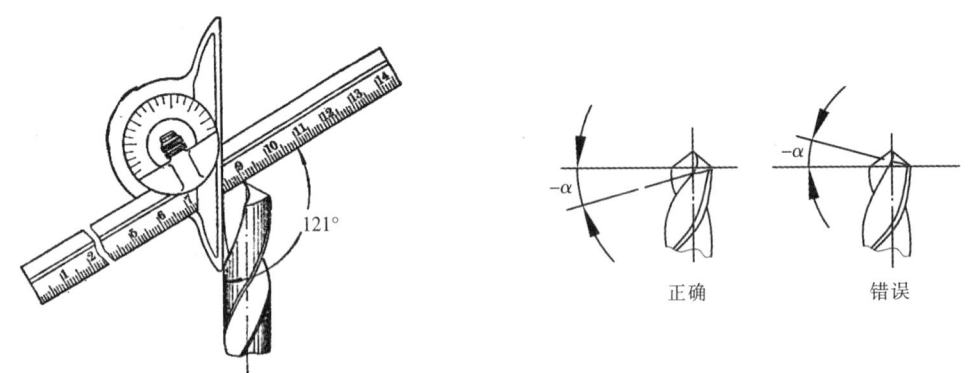

图 9-2 检测主切削刃的对称　　　　　图 9-3 后角的检测

②钻头后角的检测。钻头的后角可用目测法，如图 9-3 所示。在后刀面上主切削刃应在最高处，说明后角方向正确。后角的大小可通过观察横刃斜角的

大小来判别。横刃斜角小于125°,说明后角小;反之,则说明后角大。

从麻花钻头部沿轴线方向观察,可以判断出顶角是否大于、等于还是小于180°。

(2)钻头的装卸

直柄麻花钻用钻夹头装夹,锥柄麻花钻用一个或数个锥形过渡套筒装夹,钻头装入尾座套筒时,必须擦净各结合面,同时应用力顶紧。

2. 镗孔车刀

(1)镗孔车刀的形式与选用

内孔镗车刀可分为镗通孔车刀与镗不通孔车刀两种,如图9-4所示。其切削部分的几何形状与外圆车刀相似。镗通孔车刀用于车通孔,其主偏角一般为60°~75°,副偏角为10°~20°。镗不通孔车刀用于车盲孔或台阶孔,其主偏角通常为93°~95°;另外,刀尖到刀杆背面的距离 a 必须小于孔径的一半,否则无法车平底平面。

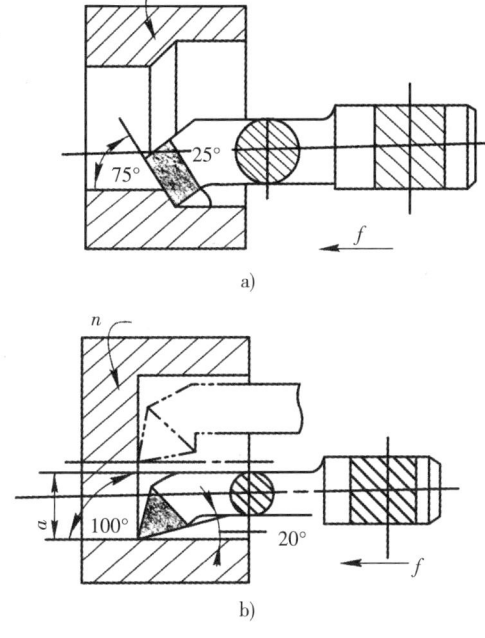

图 9-4 镗孔刀

选用内孔车刀时,刀杆应尽可能粗,刀杆工作长度应尽可能短,一般取大于工件孔长约4mm即可。

(2)镗孔车刀的刃磨

镗孔车刀的刃磨与外圆车刀的刃磨相似,所不同的是镗孔车刀的后角应大些,但不能过大。因此,为避免刀杆后刀面与孔壁相碰,一般磨成双重后角 α_1、α_2,如图9-5所示。刃磨前刀面时,如需刃磨断屑槽,应注意断屑槽的刃磨方向:粗车刀,刃磨方向应平行于主切削刃刃磨;精车刀,刃磨方向应平行于副切削刃刃磨。

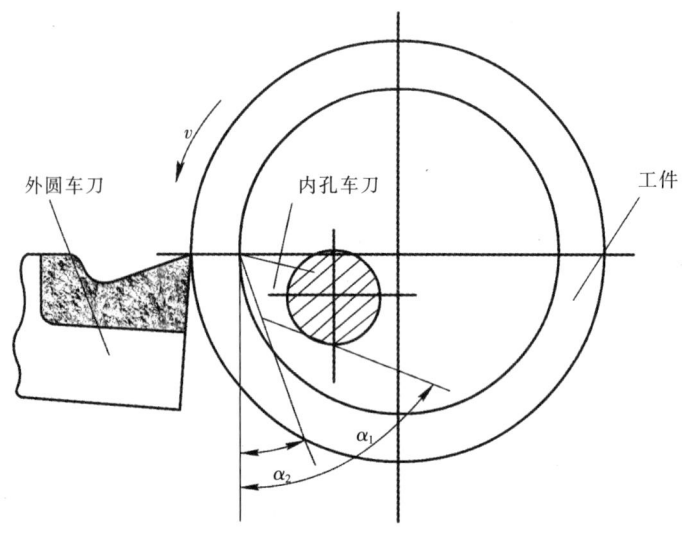

图 9-5 镗孔刀的后角

(3) 镗孔车刀的装夹

装夹镗孔车刀,原则上刀尖高度应与工件旋转中心等高,实际加工时要适当调整。粗车时,刀尖略低于工件中心,以增加前角;精车时,可装得略高些,使工件后角稍增大些,既减少刀具与工件的摩擦,又不会"扎刀"。

刀杆应与孔中心线平行,车刀伸出长度应尽可能短。

镗孔车刀装夹后,先不要固定刀体,应在车孔前摇动床鞍手轮使刀具在毛坯孔内来回移动一次,以检查刀具和工件有无碰撞,刀杆的伸出长短是否够长,然后夹紧刀体。

二、孔加工切削用量选用

1. 麻花钻切削用量

在实体工件上钻孔,吃刀深度 a_p 为钻头直径一半。通常取进给量 $f=0.15\,\text{mm/r}$ 左右。用高速钢钻头钻孔时,切削速度通常取 $Vc=0.35\,\text{m/s}$,钻较硬材料时应选用较小值。

2. 镗孔切削用量

(1) 粗镗孔

根据加工余量,确定背吃刀量与进刀次数,通常背吃刀量 $a_p=1\sim3\,\text{mm}$,进给量 $f=0.2\,\text{mm/r}$ 左右;切削速度 Vc 应比车外圆的速度低 1/3 左右。粗车后留给精车的余量通常为 0.5~1 mm。

(2) 精镗孔

精车时,最后一刀的背吃刀量以 $a_p=0.15\,\mathrm{mm}$ 左右为宜,进给量 $f=0.1\,\mathrm{mm/r}$;用高速钢车刀精车时,切削速度 $Vc=0.05\sim0.1\,\mathrm{m/s}$。

三、孔加工方法及注意事项

1. 钻孔的操作要领

(1)钻孔前,应根据钻孔直径选择尺寸合适的钻头,工件端面须车平,中心处不得有凸台。必要时用中心钻引孔。

(2)钻头装入尾座套筒后必须校正钻头中心位置,使其与工件回转中心一致。

(3)当钻头刚切入工件端面时不可用力过大,以免钻偏或折断钻头。

(4)钻削小直径孔时,应先钻定位中心孔,再钻孔。

(5)当用直径较小而长度较长的钻头钻孔时,为防止钻头晃动导致钻偏,可在刀架上夹一挡铁;当钻头与工件端面相接触时,移动床鞍与中滑板,使挡铁顶住钻头头部,如图9-6所示,顶紧力不可过大,不然会使钻头偏向另一边,转速要低。当钻头在工件内正常切入后,即可在退出挡铁同时提高转速。

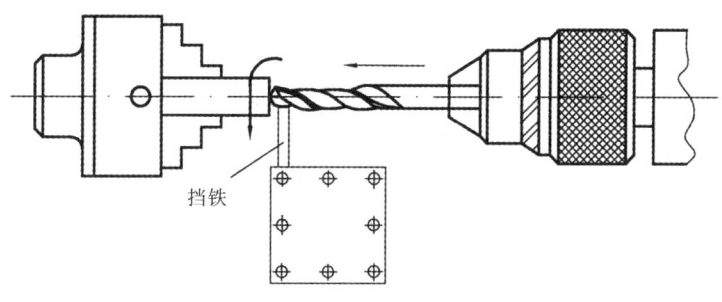

图 9-6 用挡铁支挡防止钻头偏斜

(6)当钻入工件2~3mm时,应及时退出钻头,停车测量孔径是否符合要求。

(7)钻较深孔时,手动进给速度要均匀,并经常退出钻头,以清除切屑,同时,应向孔中注入充足的切削液。对于精度要求不高、长度较长的工件,可采用调头钻孔的方法,先在工件一端将孔钻至大于工件长度的1/2后,再调头装夹校正,将另一半钻通。

(8)对于钻通孔,当孔将要钻通时,钻尖部分不参加工作,切削阻力明显减少,进刀时就会觉得很轻松,这时应及时减慢进给速度,直至完全钻穿。待钻头完全从孔内退出后,再停车,以免钻头被咬死。

(9)对于钻盲孔,为控制钻孔深度,当钻头开始切入端面时即记下尾座套筒上的标尺刻度,或用钢直尺量出此时套筒的伸出长度,也可在钻头上做记号以控制孔深。钻入一段后,根据刻度或用钢直尺及时测量钻孔深度。当到达钻孔深度时,慢慢退出钻头。

(10)刚钻完孔的工件与钻头一般都较烫,不可用手去摸。

2. 镗孔的操作要领

镗孔时,车刀在工件内部进行,不便观察,不易冷却与排屑。刀杆尺寸受孔径限制,不能制得太粗,又不能太短。对于薄壁工件,车孔后易产生变形,尤其是小孔、深孔,加工难度更大,因此,镗孔较车外圆较难掌握。

(1)粗镗孔

粗镗孔与车外圆的操作方法基本相同,不同的是车内孔时中滑板进退刀的动作正好与车外圆相反,操作时必须引起重视。

控制孔径尺寸的方法与车外圆一样,也要进行试切,试切深度一般至孔口1~3 mm。长度尺寸的控制,在车通孔时,可采用在刀杆上做长度记号的办法。

当长度车至尺寸时,应迅速停止进给。车刀横向可不退刀,直接纵向退出,最后停车。

(2)精镗孔

精镗孔,尺寸的控制是关键。控制尺寸的方法同样采用试切法来完成,试切时,对刀要细心、精确。

当长度车至尺寸位置时,应立即停止进给,并记下中滑板刻度,摇动中滑板手柄(注意退刀方向),使刀尖刚好离开孔壁即可,待车刀退出后再停车。

3. 注意事项

(1)车削过程中,应注意观察切削情况,如排屑不畅,应及时修正车刀的几何角度或改变切削用量,确保排屑流畅。

(2)车削过程中如发现尖叫、振动等情况,应及时停止车削,退出车刀,通过修磨车刀或减小切削用量等办法来改善切削条件。

(3)粗车通孔时,由于背吃刀量与进给量都较大,所以当孔要车通时应停止机动进给,而改用手摇床鞍慢慢进给,以防崩刃。

(4)孔口应按要求倒角或去锐边。

4. 镗阶梯孔

(1)镗孔刀的选用

如果台阶孔大小直径差较小,可用一把内孔车刀车削;若大小孔直径差较大,可用两把内孔车刀分别车削。一般选用盲孔镗孔车刀,即主偏角选用93°~95°。

(2)车削要领(以两台阶为例)

粗车小孔与大孔,先粗车小孔后粗车大孔,通常台阶长度尺寸由床鞍刻度来控制或画线(在刀具上画线)控制。

精车小孔到尺寸后再精车大孔,当床鞍刻度接近或将要到达孔深尺寸时,应停止自动进给,改用手动进给,并慢慢摇动中滑板手柄横向进给车台阶孔内端面至内孔圆柱面,以保证阶梯面的垂直。长度方向的尺寸一般通过大滑板粗定位后用小滑板精确控制。

5. 内孔尺寸的测量

孔的尺寸精度要求低时,通常用内卡钳与游标卡尺测量,如图 9-7a)和 9-7b)所示;孔的尺寸精度要求较高时,可用塞规测量,如图 9-7c)所示,或用内径千分尺测量。当孔较深时,宜用内径百分表测量,如图 9-7d)所示。

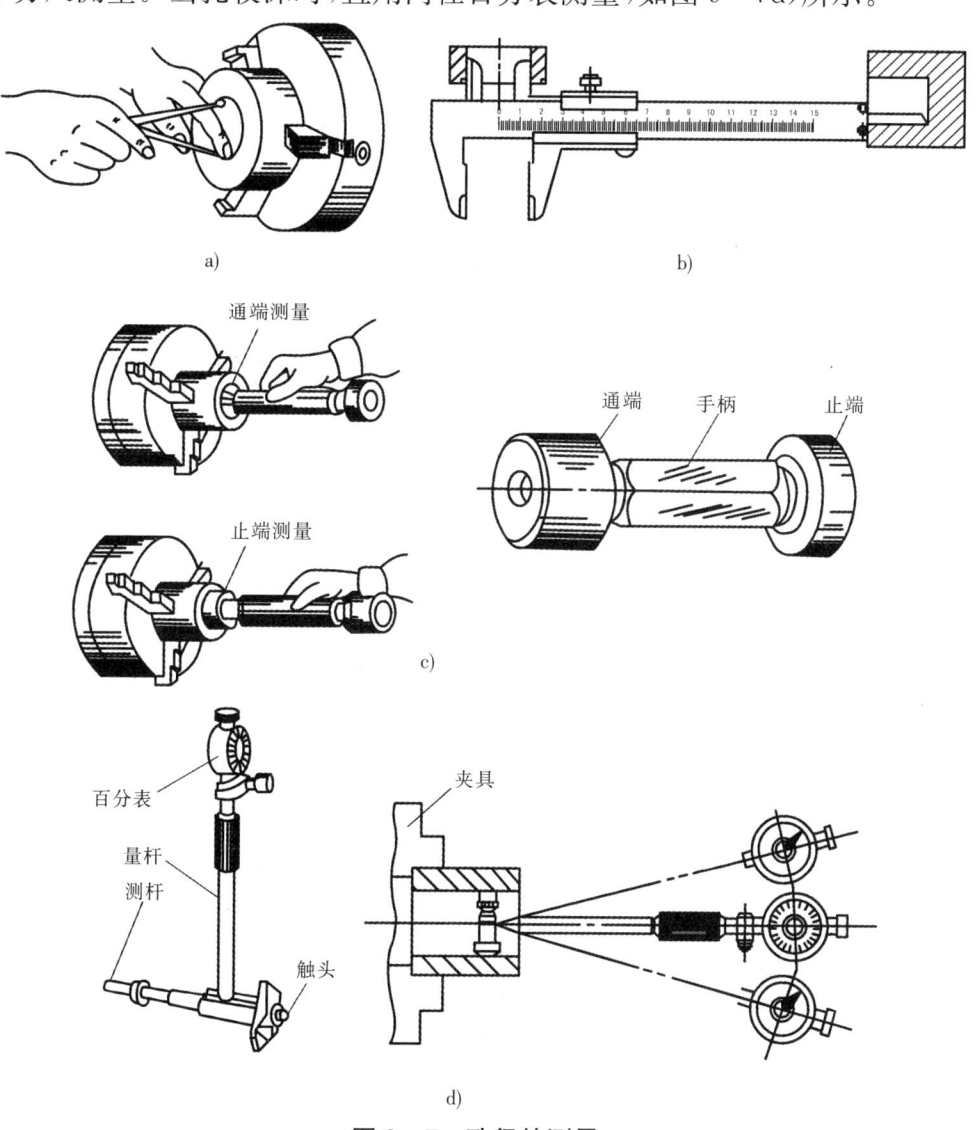

图 9-7 孔径的测量

第十章 车削螺纹

螺纹的牙型有四种,三角形螺纹应用广泛,它分为普通螺纹、英制螺纹和管螺纹。

一、普通螺纹的参数

普通螺纹的参数,如图 10-1 所示。

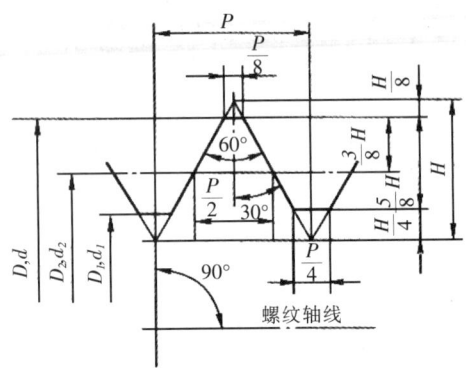

图 10-1 普通螺纹的参数

1. 牙型角 α

在螺纹的牙型上,两相邻牙侧间的夹角称为牙型角 α。普通粗牙螺纹和普通细牙螺纹的牙型角 α 均为 $60°$。

2. 螺距 P

螺距 P 是相邻两牙在中径线上对应两点间的轴向距离。在螺纹大径相同时,按螺距的大小分为粗牙螺纹和细牙螺纹,通常细牙螺纹的螺距比粗牙螺纹的螺距要小。在标注时,细牙普通螺纹不标注出螺距,若在公称直径的后面标注出螺距,则表示是细牙普通螺纹。

粗牙普通螺纹的螺距 P 可从螺距表中查出。

3. 螺纹大径 d、D

螺纹的最大直径称为大径,即螺纹的公称直径。外螺纹大径用 d 表示,内螺

纹大径用 D 表示。

4. 螺纹小径 d_1、D_1

螺纹的最小直径称为小径,外螺纹小径用 d_1 表示,内螺纹小径用 D_1 表示。

5. 螺纹中径 d_2、D_2

螺纹中径是指一个螺纹上牙槽宽与牙宽相等地方的直径,它是一个假想圆柱体的直径。外螺纹中径用 d_2 表示,内螺纹中径用 D_2 表示。

6. 牙型高度 h_1

牙型高度指在垂直于螺纹轴线方向上测出的螺纹牙顶至牙底间的距离。

二、普通螺纹基本尺寸计算

1. 牙型高度 h_1 的计算

$$h_1 = \frac{5}{8} \times (0.866P) = 0.54125P \approx 0.5413P$$

2. 螺纹中径(d_2、D_2)的计算

$$d_2 = D_2 = d - 2 \times \frac{3}{8}H = d - 0.6495P$$

3. 螺纹小径(d_1、D_1)的计算

$$d_1 = D_1 = d - 2 \times \frac{5}{8}H = d - 1.0825P$$

三、螺纹车刀及其装夹

常用的螺纹刀具的材料有高速钢和硬质合金两类。

高速钢螺纹车刀,刃磨方便,而且韧性好,刀尖不宜崩裂,车出的螺纹表面质量高,但刃磨容易退火,且不能用于高速切削。

硬质合金螺纹车刀,硬度高,耐热性好,韧性差,刃磨容易崩裂,加工后的螺纹表面质量不高,但适用于高速切削。

螺纹车刀是一种成形刀具,螺纹截形精度取决于螺纹车刀刃磨后的形状及其在车床上安装位置是否正确。

(1)普通三角形螺纹车刀的几何角度,如图10-2所示。

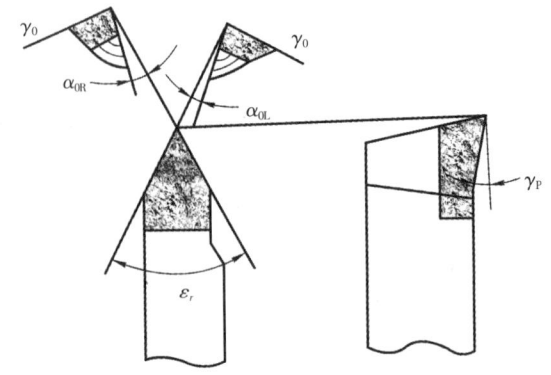

图 10-2 普通三角形螺纹车刀的几何角度

① 背前角 γ_P 粗车时 $\gamma_P=10°\sim25°$,精加工时 $\gamma_P=5°\sim10°$,精度要求较高时 $\gamma_P=0°$。

② 刀尖角 ε_r 普通螺纹车刀在背前角 $\gamma_P=0°$ 时的刀尖角等于被切螺纹牙型角,即 $\varepsilon_r=\alpha=60°$;但当 $\gamma_P\neq0°$ 时,其刀尖角仍等于牙型角 α,车出的螺纹牙型角会增大,所以应对螺纹车刀的刀尖角进行修正。

③ 侧刃后角 α_{0L}、α_{0R} 螺纹车刀左右两侧切削刃的后角 α_{0L} 与 α_{0R} 由于受螺旋线升角 ψ 的影响,进给方向上的一侧刃后角应比另一侧刃后角大一个 ψ。通常两侧切削刃的工作后角 $\alpha_{0工}=3°\sim5°$,以车右旋螺纹为例:左侧刃后角 $\alpha_{0L}=\alpha_{0工}+\psi$,右侧刃后角 $\alpha_{0R}=\alpha_{0工}-\psi$。

(2)螺纹车刀的检验与安装

螺纹车刀刀尖角的正确与否决定了所加工工件的牙型角,所以刃磨时必须用螺纹样板来检验,螺纹样板的形状,如图10-3所示。检验时,把刀尖与样板贴紧,透光检测两侧边的间隙,并根据透光的情况来修磨刀具。

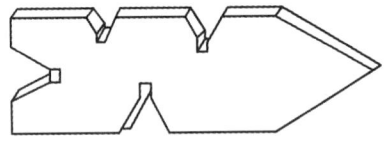

图 10-3 三角螺纹样板

当刀具有较大的背向前角时,检验时,样板应和车刀的底面平行,再用透光法检测,如图10-4a)所示,这样测量的刀尖角近似等于牙型角。不能用样板平行于刀具的切削刃,这样量出的刀尖角不正确,如图10-4b)所示。

安装螺纹刀时,首先使刀尖与工件中心等高,即对中,装高或装低都将导致切削难以进行。车刀对中后应保证刀尖角的中心线垂直于工件轴线,否则会使螺纹的牙型半角($\alpha/2$)不等,造成截形误差,如图10-5所示。对刀方法,用样板来安装螺纹车刀,如图10-6所示,如车刀歪斜,应轻轻松开车刀紧定螺钉,转动刀杆,使刀尖对准角度样板,符合要求后将车刀紧固,一般须复查一次。

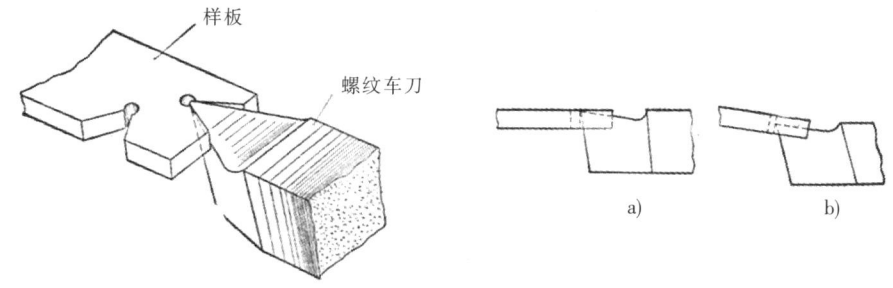

图 10-4 用螺纹样板检测刀尖角

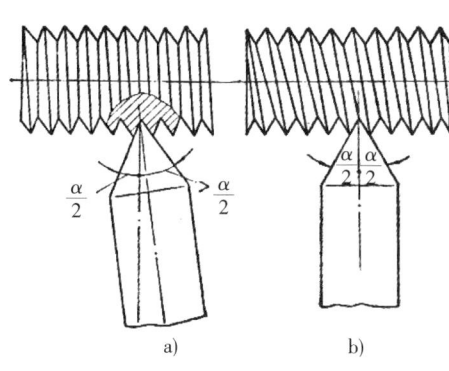

图 10-5 车刀的安装对牙型的影响

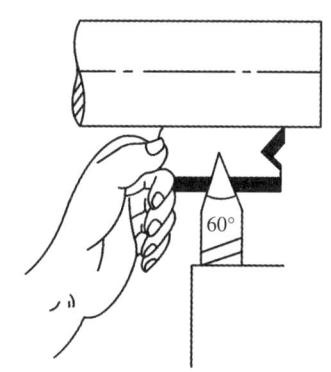

图 10-6 用样板安装螺纹车刀

四、三角螺纹的车削方法

1. 车螺纹前的准备

(1)操作方法

进、退刀进给动作要协调、敏捷,是车螺纹的基本要求。操作的基本方法有两种:一种是对开螺母法,一种是倒顺车法。

①对开螺母法 要求车床丝杠螺距与工件螺距成整倍数,否则会使螺纹产生乱扣。操作时,启动主轴,摇动床鞍,使刀尖离工件螺纹轴端5mm左右,中滑板进刀后右手合上对开螺母。对开螺母一旦合上后,床鞍就迅速向前或向后移动,此时右手仍须握住对开螺母手柄,当刀尖车至退刀位置时,左手迅速退出车刀,同时,右手立即提起对开螺母使床鞍停止移动。

②倒顺车法 当丝杠螺距与工件螺距不成整倍数比时,必须采用倒顺车进给法。操作动作如下:移动床鞍,使车刀靠近工件右端,开动机床,合上对开螺母,左手向上提起操纵杆。当车刀进至离工件轴端5mm时(起始位置),操纵杆放下至中间位置,主轴停转。然后中滑板进刀,再向上提起操纵杆,进给车削。当车刀进入退刀位置时,迅速摇动中滑板,退出车刀,后向下推操纵杆,使主轴反

转,车刀退向起始位置。当车刀到达起始位置时,使主轴停转。在做进、退刀操作时,必须精力集中,眼看刀尖,动作果断,在刹那间先退刀后停车或提开合螺母。

车螺纹前先做空刀练习,进行退刀和倒顺车的动作练习。

(2)车螺纹前的工作

①挂轮箱和进给箱的调整　在有进给箱的车床上车削螺纹时,将手柄按铭牌上标注的交换齿轮的齿数和手柄位置进行交换和调整。

②按螺纹规格车螺纹外圆及长度　精车螺纹外圆,并按要求车螺纹退刀槽。对无退刀槽的螺纹,应刻出螺纹长度终止线,如图10-7所示。螺纹外圆端面处必须倒角,倒角大小为$C=0.75P$。

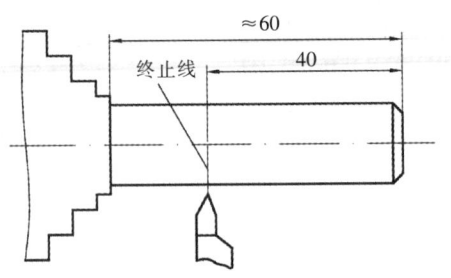

图10-7　车外圆、倒角和终止线

③滑板的调整　对中、小滑板和床鞍的间隙要适当调整,间隙不能太紧或太松。太紧,摇动手柄吃力,操作不灵便;太松,则易"扎刀"。

④调整主轴转速　选取合适的切削速度V_C。一般粗车时,$V_C=0.2$ m/s左右;精车时,$V_C<0.1$ m/s。最初训练时转速选低速,同时注意左、右旋手柄位置要正确。

⑤开动机床　摇动中滑板,使螺纹车刀刀尖轻轻和工件接触,以确定背吃刀量的起始位置,再将中滑板刻度调整至零位。

开动机床(选用低速),合上对开螺母,用车刀刀尖在外圆上轻轻车出一道螺旋线,然后用钢直尺或游标卡尺检查螺距是否正确。测量时,为减少误差,应多量几牙,如检查螺距1.5 mm的螺纹,可测量10牙,即为15 mm,如图10-8a)所示;也可用螺距规检查螺距,如图10-8b)所示。若螺距不正确,则应根据进给标牌检查挂轮及进给手柄位置是否正确。

2. 车螺纹的方法

合理分配切削深度,正确选择进刀方法,是车螺纹的关键。

三角螺纹的车削操作方法:

①直进法车螺纹　车削时,中滑板只作横向垂直进给,直到把螺纹车好,如

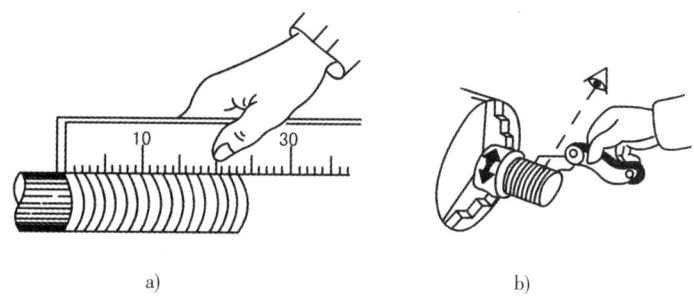

图 10-8 检查螺距

图 10-9a)所示。特点是可得到较正确的截形,但车刀的左、右侧刃同时切削,不便排屑,螺纹表面粗糙度不易控制,当切入较深时,容易产生"扎刀"现象,一般适用于螺距小于 2mm 的三角螺纹。

切削深度的分配 按照递减规律,即根据车螺纹总的切削深度 a_P,第一次切削深度 $a_{p1} \approx a_p/4$,第二次切削深度 $a_{p2} \approx a_p/5$,以后根据切屑情况,逐渐递减,最后留 0.2mm 左右作精车余量。

② 斜进法车螺纹 操作时,每次进刀除中滑板作横向进给外,小滑板向同一方向作微量进给,多次进刀将螺纹的牙槽全部车去,如图 10-9b)所示。车削时,开始第一、二次进给可用直进法车削,以后用小滑板配合进刀。特点是单刃切削,排屑方便,可采用较大的切削深度,适用于较大螺距螺纹的粗加工。

切削深度的分配仍然按递减规律,每次进刀,小滑板的进刀量是中滑板的 1/4,以形成梯度。粗车后留 0.2mm 作精车余量。

③ 左右借刀法 每次进刀时,除了中滑板作横向进给外,同时小滑板配合中滑板作左或右的微量进给,这样多次进刀,可将螺纹的牙槽车出,小滑板每次进刀的量不宜过大,如图 10-9c)所示。

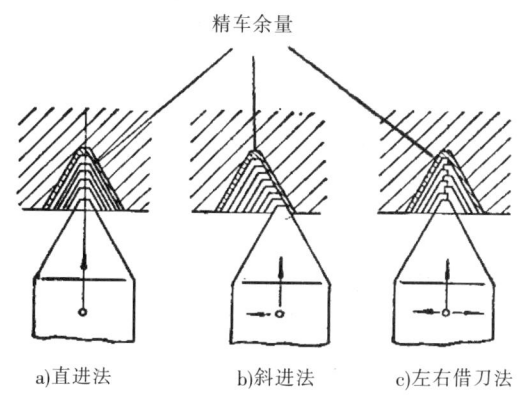

a)直进法　　b)斜进法　　c)左右借刀法

图 10-9 螺纹加工方法

注意,在左右借刀法中要消除小滑板左、右进给的间隙,其方法如下:如先向左借刀,即小滑板向前进给,然后小滑板向右借刀移动时,应使小滑板比需要的刻度多退后几格,以消除间隙,再向前移动小滑板至需要的刻度上。以后每次借刀,使小滑板手轮向一个方向转动,可有效消除间隙。

3. 车螺纹的步骤

(1)开车,转动主轴,手动移动刀具,使车刀与工件表面轻轻接触,记下当前中滑板刻度值,刀具向右退出,将中滑板的刻度盘调为"0"而中滑板不动,如图10-10a)所示。

(2)机床停转,合上开合螺母,排除中滑板间隙,进给至0线上,正转,在工件表面车出一条浅的螺旋线,横向退刀,如图10-10b)所示。

(3)开倒车,使刀具退至工件右端面右侧3~5mm,停车,测量螺距是否正确,如图10-10c)所示。

(4)进给,开车切削至长度终点,如图10-10d)所示。

(5)横向退刀,开倒车,使刀具退至工件右端面右侧3~5mm,停车,如图10-10e)所示。

(6)反复操作,进给、开车、退刀、开倒车、退刀至工件右端面,直至将螺纹车成形,路线如图10-10f)所示。

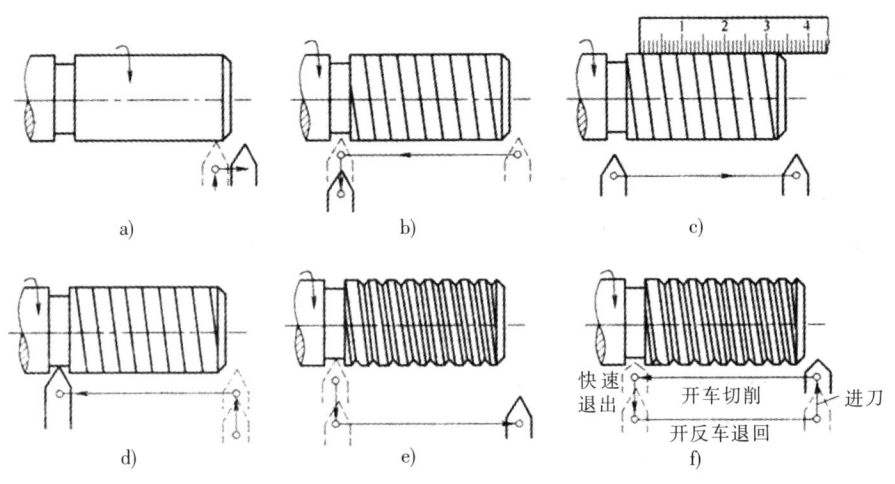

图10-10 车螺纹步骤

4. 车削过程的对刀及背吃刀量的调整

车螺纹过程中,刀具磨损或折断后,需拆下修磨或换刀重新装刀车削时,如果出现刀具位置不在原螺纹牙槽中的情况,继续车削会乱扣。这时,须将刀尖调整到原来的牙槽中,方能继续车削,这一过程称为对刀。对刀方法有静态对刀法和动态对刀法。

(1)静态对刀法

主轴慢转,并合上对开螺母,转动中滑板手柄,待车刀接近螺纹表面时慢慢停车,主轴不可反转。待机床停稳后,移动中、小滑板,目测将车刀刀尖移至牙槽中间,然后记下中、小滑板刻度后退出。

(2)动态对刀法

主轴慢转,合上开合螺母,在开车过程中移动中、小滑板,将车刀刀尖对准螺纹牙槽中间。也可根据需要,将车刀的一侧刃与需要切削的牙槽一侧轻轻接触,待有微量切屑时,即刻记取中、小滑板刻度,最后退出车刀。为避免对刀误差,可在对刀的刻度上进行1～2次试切削,确保车刀对准。此法要求反应快,动作迅速,对刀精确度高。

(3)背吃刀量的重新调整

重新装刀后,车刀的原先位置发生了变化,对刀前应首先调整好车刀背吃刀量的起始位置。

5. 精车方法

粗车螺纹,可通过调整背吃刀量或测量螺纹牙顶宽度值来控制尺寸,并保证精车余量。精车的步骤如下:

(1)对刀

使螺纹车刀对准牙槽中间,当刀尖与牙槽底接触后,记下中、小滑板刻度,并退出车刀。

(2)精车底径

分一次或二次进给,运用直进法切准牙槽底径,并记取中滑板的最后进刀刻度。

(3)精车牙槽两侧

车螺纹牙槽一侧,在中滑板牙槽底径刻度上采用小滑板借刀法车削,观察并控制切屑形状,每次借偏量为0.02～0.05 mm,车光即可。为避免牙槽底宽扩大,最后一、二次进给时,中滑板可作微量进给。用同样的方法精车另一侧面,注意螺纹尺寸,当牙顶宽接近$P/8$,可用螺纹量规检查螺纹尺寸。

(4)螺纹车完后,牙顶上应用细齿锉修去毛刺。

第十一章 车削复杂零件简介

一、细长轴的车削

通常工件的长度 L 与直径 d 之比（L/d）大于 20 的轴类零件，称为细长轴。由于结构特点，其刚性较差、热变形大和刀具磨损严重等，因此，加工较困难，加工精度和表面质量不易保证，必须采用一些特殊的加工方法。

1. 使用中心架法

使用时，应尽可能将中心架支承在工件的中间，如图 11-1 所示，使 L/d 的值减小，以提高工件的刚性。中心架有三个独立移动的支承爪，可沿径向调节。

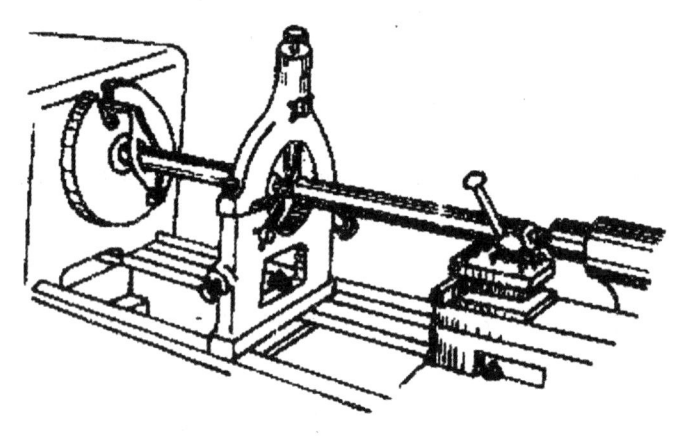

图 11-1 中心架支承工件

使用中，一般中心架 3 个支承爪不能与工件的粗基准直接接触，必须在工件中央先车一段安装中心架支承爪的凹槽，槽底直径应大于外圆的最终尺寸，长度应大于支承爪宽度。如果支承面是初基准则可以用过渡套筒，如图 11-2 所示，调整套筒，使其外圆轴线与车床主轴旋转轴线重合，然后装上中心架，调整 3 个支承爪与套筒外圆接触，并能均匀转动。

2. 跟刀架法

使用时，将跟刀架固定在车床床鞍上，其卡爪紧跟在车刀的后面，随刀架一

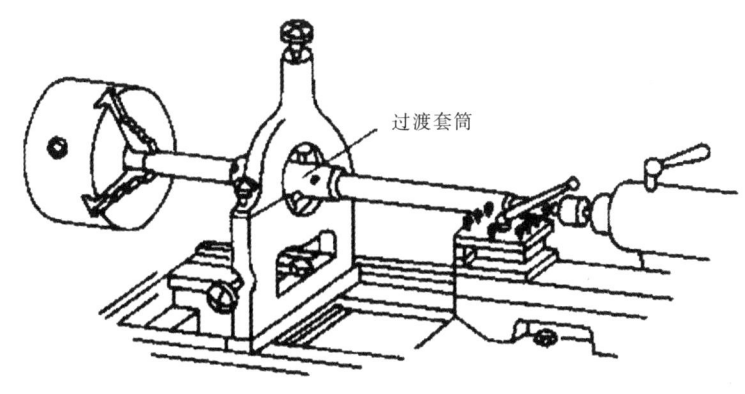

图 11-2　用过渡套筒支承车细长轴

起纵向移动。跟刀架所起的作用与中心架相同,可以提高工件的刚性,但跟刀架主要用于不需掉头装夹工件的加工,其结构有两爪跟刀架和三爪跟刀架两种,如图 11-3 所示。

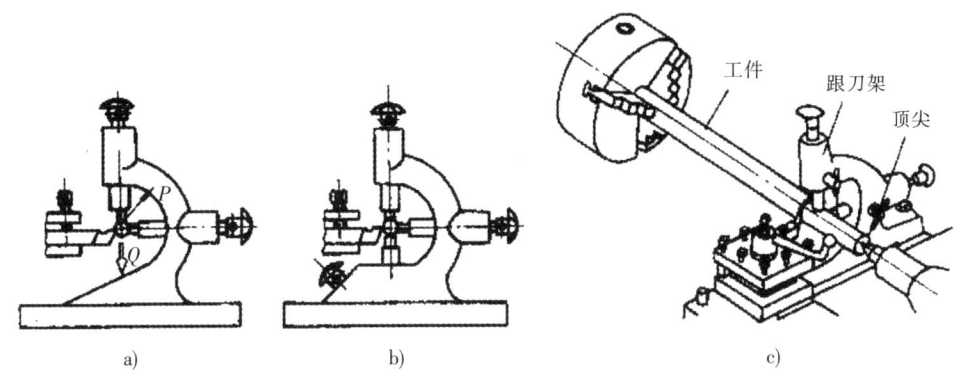

图 11-3　跟刀架及其调整

3. 对车刀的要求

为了减少细长轴弯曲,要求车刀的主偏角尽量增大,以减少径向力;为了减小削力和切削热,应该选择较大的前角和正的刃倾角;为了减小切削时的振动,应该选用较小的后角。

二、偏心件的车削

圆柱面的轴线平行而不相重合的零件称为偏心工件。平行轴线之间的距离为偏心距 e。

长度较短且偏心距精度要求不高时,可以在三爪卡盘上车削。车削时,在卡

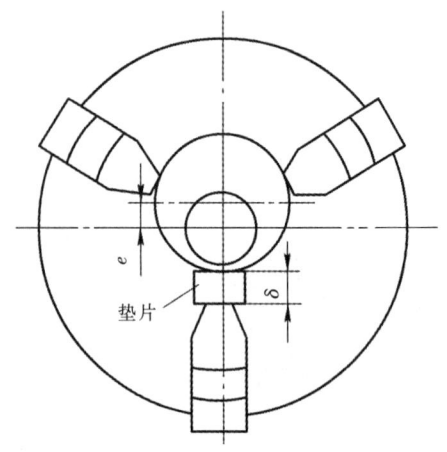

图 11-4 三爪卡盘上车偏心件

盘的一个卡爪上垫垫片,使工件外圆几何轴线与机床主轴旋转中心产生偏心,如图 11-4 所示,垫片厚度 δ 的计算如下:

$$\delta = 1.5e \pm K$$

$$K \approx 1.5\Delta e$$

式中: e——工件偏心距;

K——偏心距修正值,正负可按照实际测量结果确定;

Δe——试切后,实测偏心距误差。

第十二章 典型部件车削技能训练

一、榔头手柄制作

1. 训练图样

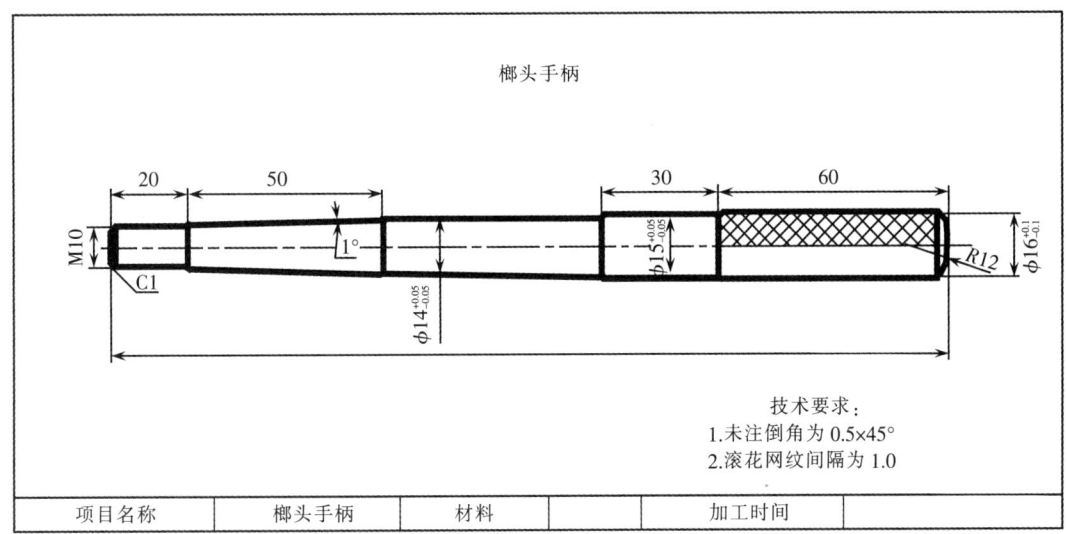

2. 训练准备

(1) 材料为 45(或 40CCr)热轧圆钢;锯断尺寸为 $\phi18\times220$ 一根;

(2)工具为鸡心夹头、顶尖、扳手、板牙、滚花刀等,刀具主要有白钢刀、成型刀、倒角刀等,量具主要有游标卡尺、千分尺等。

3. 训练内容

(1)训练要求

①工件的各尺寸精度、形位精度、表面粗糙度均要达到图样规定要求;

②不准用锉刀、砂布等对工件修整加工;

③自制前顶尖;

④学会使用鸡心夹头装夹工件;

⑤熟练使用游标卡尺、千分尺测量工件。

(2)安全文明生产

①正确执行安全技术操作规程;

②按企业有关文明生产的规定,做到工作地整洁,工件、量具、刀具、工具摆

放整齐;

③车床维护和保养。简单了解车床的润滑系统,车床的日常维护及保养,实训环境的清洁,做好文明交接班。

4. 工件加工

榔头手柄车削参考步骤如表 12-1 至表 12-5 所示。

表 12-1 工艺过程卡

工序号	工序内容	简图
1	车端面控制总长 三爪自定心卡盘夹住毛坯外圆: 1)车端面,车平端面即可; 2)钻中心孔; 3)掉头,车另一端面,控制长度尺寸 217±0.5; 4)另一头钻中心孔	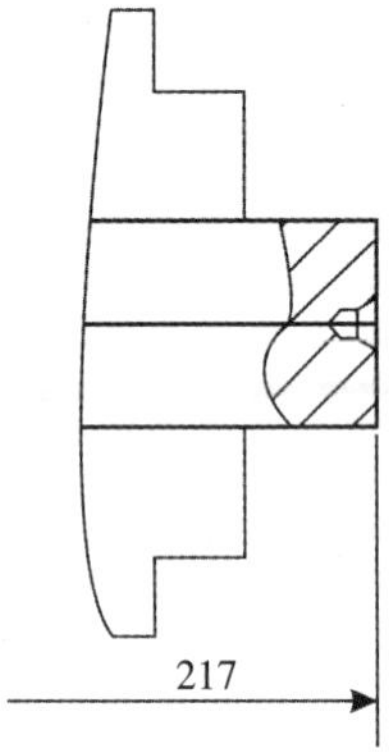
2	粗车外圆 用两顶法(鸡心夹头和尾座顶针)装夹工件: 1)车外圆 $\phi17\times100$ 一端外圆; 2)倒角 $0.5\times45°$。 3)掉头,车另一头外圆 $\phi17\times117$; 4)倒角 $0.5\times45°$	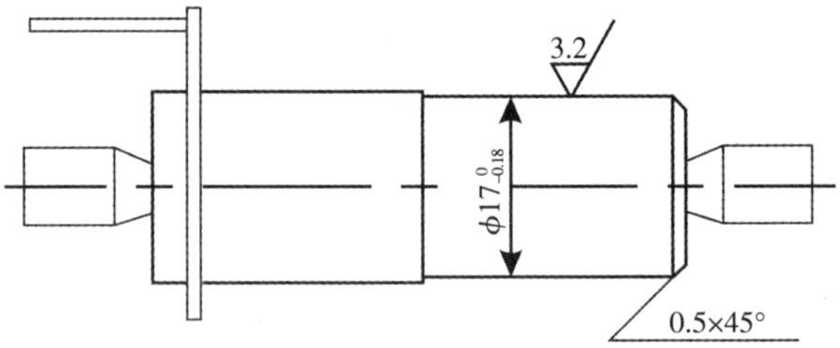
3	半精车、精车外圆 再用两顶法(鸡心夹头和尾座顶针)装夹工件,分四次去除余量,并练习控制尺寸,具体步骤如下: 1)车外圆 $\phi16_{-0.1}^{0}\times65$; 2)车外圆 $\phi15\times157$; 3)车外圆 $\phi14\times127$; 4)车外圆 $\phi10\times20$; 5)车锥度:$1°\times50$; 6)倒角 $2\times45°$	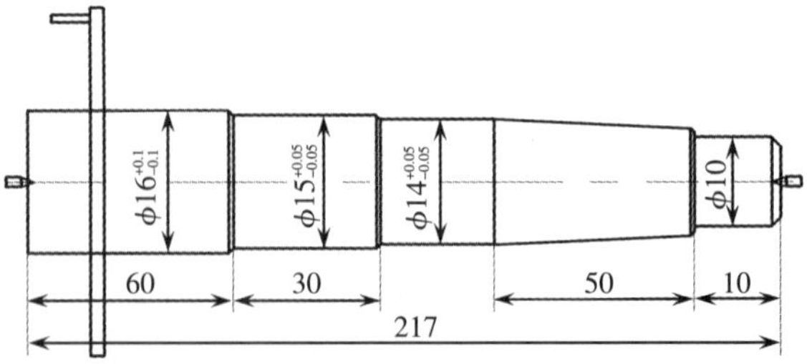

续表

	特型面,加工 R12 圆弧面	
4	网纹 1.00,深度 40 格滚花	

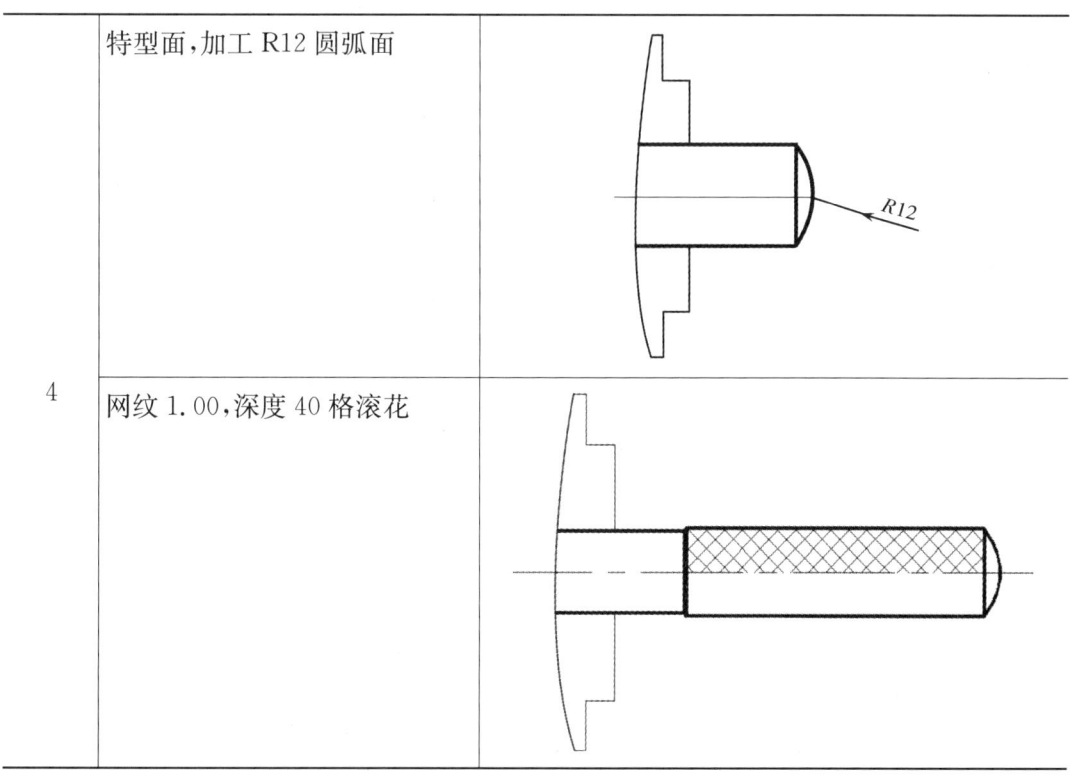

表 12-2 工艺卡片 1

实验实训中心	加工工序卡		产品名称或代号		零件名称	材料	零件图号	
			榔头		榔头手柄	45		
工序号	编号	夹具名称	夹具编号		使用设备		车间	
1		三爪卡盘			CQ6136 或 CQ6236		车工实训室	
工步号		加工面	刀具	刀具规格 (mm)	主轴转速 (r/min)	进给速度 (mm/r)	背吃刀量 (mm)	备注
1		端面	端面车刀	45°	250	0.2	0.5	白钢刀
2		钻中心孔	中心钻	A3	750	0.1	2	
3		端面	端面车刀	45°	250	0.2	0.5	白钢刀
4		钻中心孔	中心钻	A3	750	0.1	2	
编制		审核		批准		日期	共 页	第 页

73

表 12-3 工艺卡片 2

实验实训中心	加工工序卡		产品名称或代号		零件名称	材料	零件图号	
			榔头		榔头手柄	45		
工序号	编号	夹具名称	夹具编号		使用设备		车间	
2		鸡心夹头			CQ6136 或 CQ6236		车工实训室	
工步号		加工面	刀具	刀具规格（mm）	主轴转速（r/min）	进给速度（mm/r）	背吃刀量（mm）	备注
1		车外圆	外圆车刀	75°	250	0.2	0.5	白钢刀
2		倒角	端面刀	45°	250	0.2	1	白钢刀
编制		审核	批准		日期		共 页	第 页

表 12-4 工艺卡片 3

实验实训中心	加工工序卡		产品名称或代号		零件名称	材料	零件图号	
			榔头		榔头手柄	45		
工序号	编号	夹具名称	夹具编号		使用设备		车间	
3		鸡心夹头			CQ6136 或 CQ6236		车工实训室	
工步号		加工面	刀具	刀具规格（mm）	主轴转速（r/min）	进给速度（mm/r）	背吃刀量（mm）	备注
1		车外圆	外圆车刀	75°	250	0.2	2	白钢刀
2		倒圆弧角	成型车刀	30°	250	0.2	1	白钢刀
编制		审核	批准		日期		共 页	第 页

表 12－5　工艺卡片 4

实验实训中心	加工工序卡		产品名称或代号	零件名称	材料	零件图号
			榔头	榔头手柄	45	
工序号	编号	夹具名称	夹具编号	使用设备		车间
4		鸡心夹头		CQ6136 或 CQ6236		车工实训室
工步号		加工面	刀具	刀具规格 (mm)	主轴转速 (r/min)	进给速度 (mm/r)	背吃刀量 (mm)	备注
1		车 R12 圆弧面	外圆车刀	75°	250	0.1	2	白钢刀
2		滚花	滚花刀	1.0	80	0.2	40 格	白钢刀
编制		审核	批准	日期		共　页	第　页

二、车槽型轴

1. 训练图样

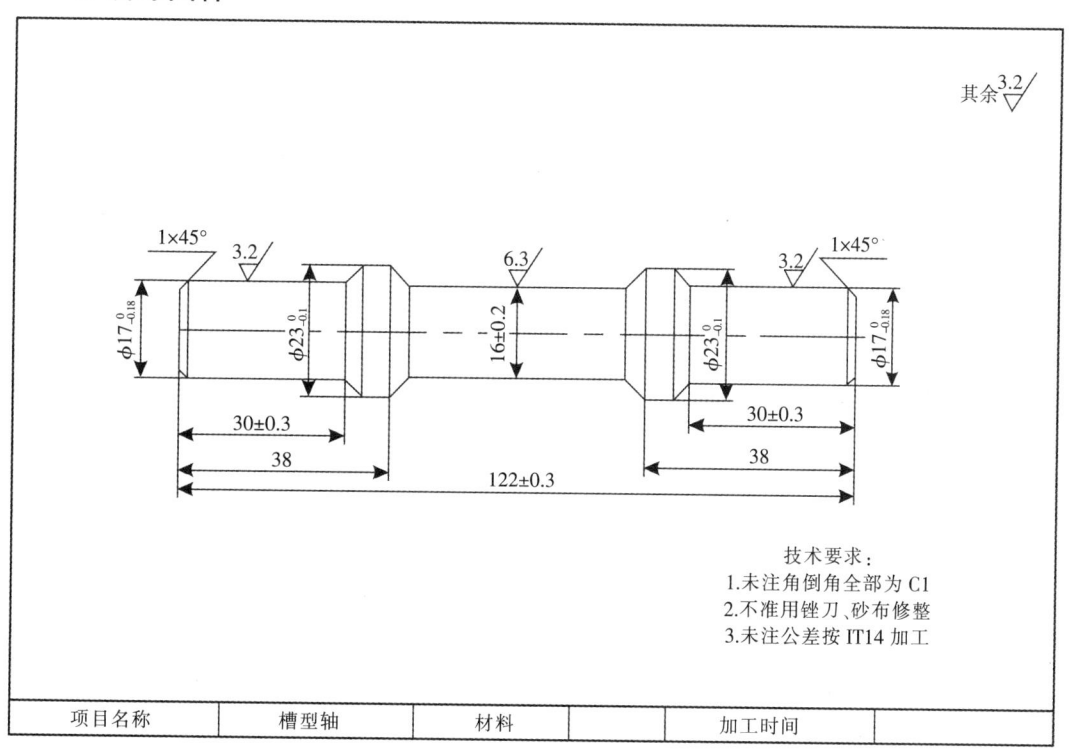

技术要求：
1. 未注角倒角全部为 C1
2. 不准用锉刀、砂布修整
3. 未注公差按 IT14 加工

| 项目名称 | 槽型轴 | 材料 | | 加工时间 | |

2. 训练准备

(1) 材料为 45(或 40Cr)热轧圆钢;毛坯为一根 $\phi25\times125$;

(2) 工具为鸡心夹头、顶尖、扳手等;刀具主要有外圆刀、切槽刀、倒角刀等;量具主要有游标卡尺等。

(3) 训练内容和要求

① 正确执行安全技术操作规程;

② 工件的各尺寸精度、形位精度、表面粗糙度均要达到图样规定要求;

③ 不准用锉刀、砂布等对工件修整加工;

④ 会使用切槽车刀加工;

⑤ 学会使用一夹一顶装夹工件;

⑥ 熟练使用游标卡尺测量工件;

⑦ 按有关文明生产的规定,做到工作地整洁,工件、量具、刀具、工具摆放在规定的位置。

4. 工艺实施过程

槽型轴车削工艺过程,参见表 12-6 至表 12-10。

表 12-6 工艺过程卡

工序号	工序内容	简图
1	三爪自定心卡盘夹住毛坯外圆: ① 车端面,车平端面即可; ② 钻中心孔; ③ 掉头,车另一端面,控制长度尺寸 122±0.3; ④ 钻中心孔。	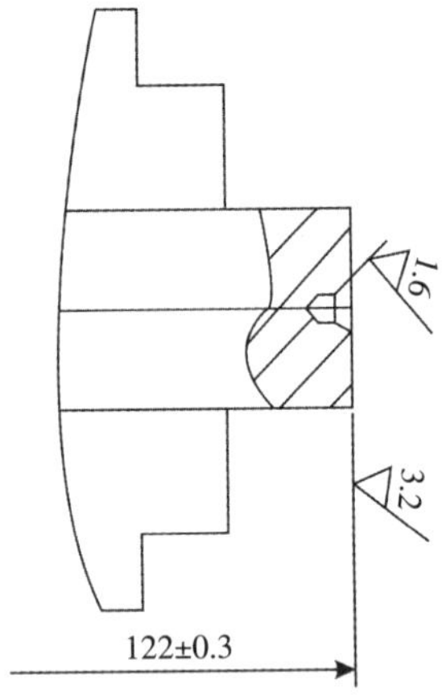

续表

工序号	工序内容	简图
2	用三爪卡盘一夹装夹工件： ①车外圆 $\phi22\times15$ 一端为工艺台阶； ②倒角 $1\times45°$。	
3	一夹一顶(装夹上道工序的工艺台阶)装夹工件： ①车一端外圆 $\phi17_{-0.18}^{0}\times30\pm0.3$； ②倒 $1\times45°$ 角。	
4	掉头，用鸡心夹头两顶尖装夹工件： ①车另一端外圆 $\phi17_{-0.18}^{0}\times30\pm0.3$； ②倒 $1\times45°$ 角； ③车外圆 $\phi23_{-0.1}^{0}$； ④切中间槽至 $\phi16\pm0.2$，并控制两端长度尺寸38。	

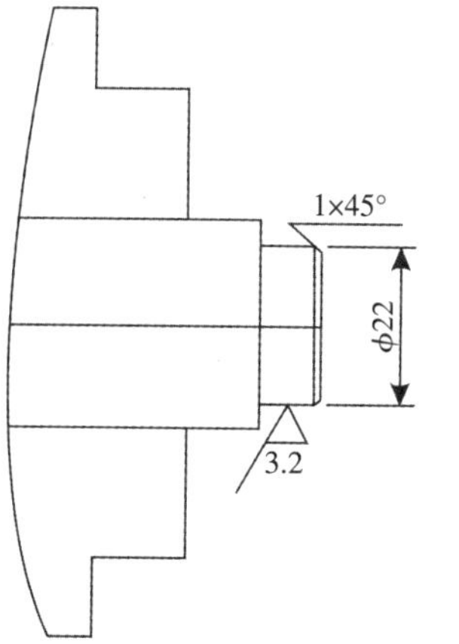

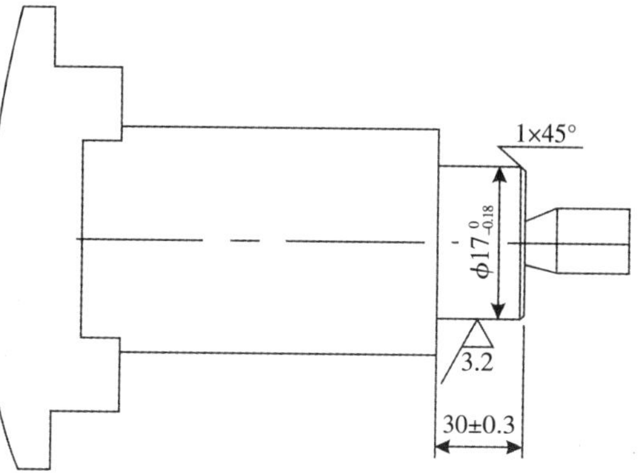

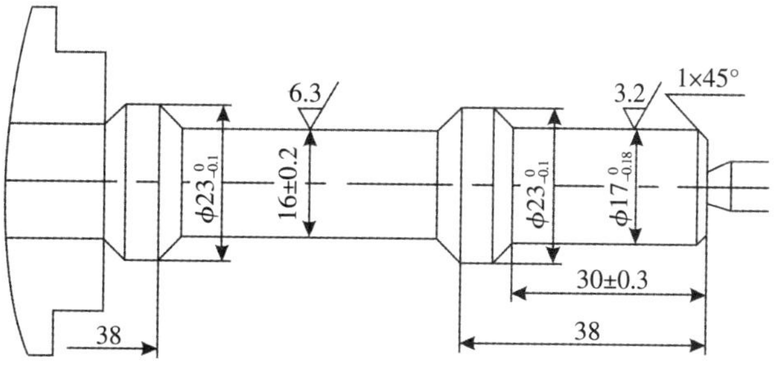

表 12-7 工艺卡片 1

学院机电厂	加工工序卡		产品名称或代号		零件名称	材料	零件图号	
			振动器		槽型轴	45		
工序号	编号	夹具名称	夹具编号		使用设备		车间	
1		三爪卡盘			CQ6136 或 CA6140		车工实训室	
工步号			加工面	刀具	刀具规格(mm)	主轴转速(r/min)	进给速度(mm/r)	背吃刀量(mm)	备注
1			端面	端面车刀	45°	250	0.2	0.5	白钢刀
2			钻中心孔	中心钻	B2	750	0.1	2	
3			端面	端面车刀	45°	250	0.2	0.5	白钢刀
4			钻中心孔	中心钻	B2	750	0.1	2	
编制		审核	批准		日期		共 页	第 页

表 12-8 工艺卡片 2

学院机电厂	加工工序卡		产品名称或代号		零件名称	材料	零件图号	
			振动器		槽型轴	45		
工序号	编号	夹具名称	夹具编号		使用设备		车间	
2		三爪卡盘			CQ6136 或 CA6140		车工实训室	
工步号			加工面	刀具	刀具规格(mm)	主轴转速(r/min)	进给速度(mm/r)	背吃刀量(mm)	备注
1			车外圆	外圆车刀	75°	250	0.2	0.5	白钢刀
2			倒角	端面刀	45°	250	0.2	1	白钢刀
编制		审核	批准		日期		共 页	第 页

表 12-9 工艺卡片 3

学院机电厂	加工工序卡		产品名称或代号		零件名称	材料	零件图号	
			振动器		槽型轴	45		
工序号	编号	夹具名称	夹具编号		使用设备		车间	
3		两顶尖			CQ6136 或 CA6140		车工实训室	
工步号			加工面	刀具	刀具规格（mm）	主轴转速（r/min）	进给速度（mm/r）	背吃刀量（mm）	备注
1			车外圆	外圆车刀	75°	250	0.2	2	白钢刀
2			倒角	倒角刀	45°	250	0.2	1	白钢刀
编制		审核		批准		日期		共 页	第 页

表 12-10 工艺卡片 4

学院机电厂	加工工序卡		产品名称或代号		零件名称	材料	零件图号	
			振动器		槽型轴	45		
工序号	编号	夹具名称	夹具编号		使用设备		车间	
4		鸡心夹头			CQ6136 或 CA6140		车工实训室	
工步号			加工面	刀具	刀具规格（mm）	主轴转速（r/min）	进给速度（mm/r）	背吃刀量（mm）	备注
1			车外圆	外圆车刀	75°	250	0.2	2	白钢刀
2			倒角	倒角刀	45°	250	0.2	1	白钢刀
3			车外圆	外圆车刀	75°	250	0.2	2	白钢刀
4			切槽	切槽刀	4×10	250	0.2	4	白钢刀
编制		审核		批准		日期		共 页	第 页

三、车螺纹接头

1. 训练图样

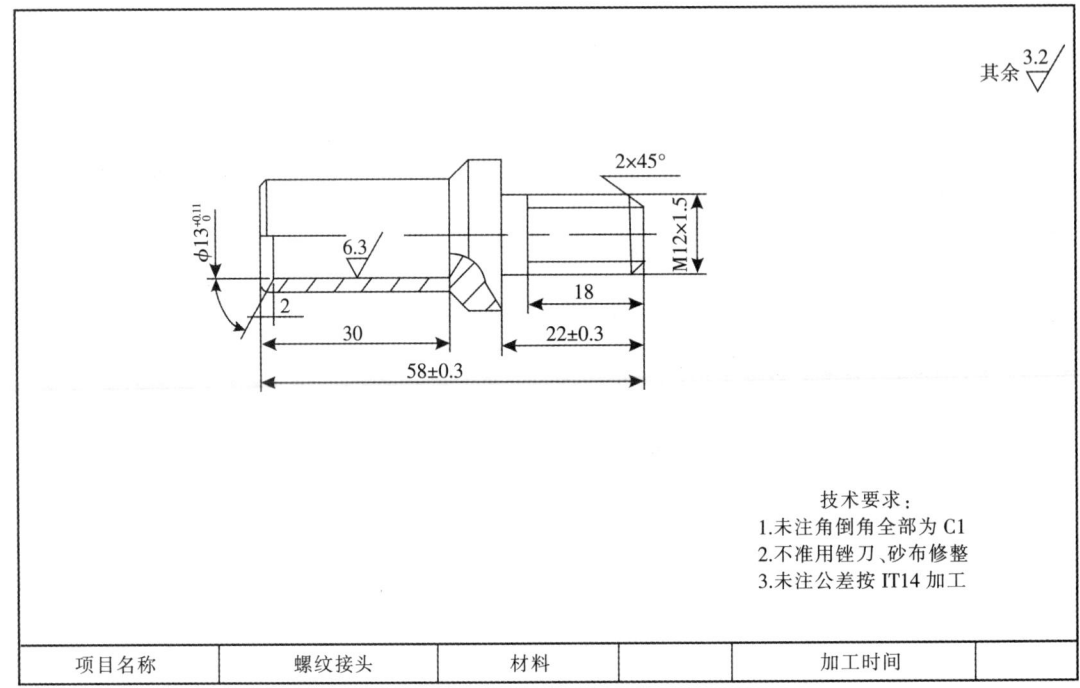

| 项目名称 | 螺纹接头 | 材料 | | 加工时间 | |

2. 训练准备

(1)工件为槽型轴,切断长度尺寸为59;

(2)工具为套筒、顶尖、扳手等;刀具主要有套丝扳牙一套、外圆刀、切槽刀、倒角刀、麻花钻等;量具主要有游标卡尺等。

3. 训练内容和要求

(1) 正确执行安全技术操作规程;

(2) 工件的各尺寸精度、形位精度、表面粗糙度均要达到图样规定要求;

(3) 不准用锉刀、砂布等对工件修整加工;

(4) 学会钻孔、镗孔加工;

(5) 学会套丝;

(6) 熟练使用游标卡尺测量工件;

(7) 按有关文明生产的规定,做到工作地整洁,工件、量具、刀具、工具摆放在规定的位置。

4. 工艺实施过程

螺纹接头车削工艺过程,参见表12-11至表12-14。

表 12-11 工艺过程卡

工序号	工序内容	简图
1	三爪自定心卡盘夹住毛坯外圆： ①车端面，控制长度尺寸 58±0.3； ②车外圆控制尺寸 $\phi 14 \times 21$； ③车外圆控制尺寸 $\phi 12_{-0.12}^{+0.06} \times 22\pm 0.3$。	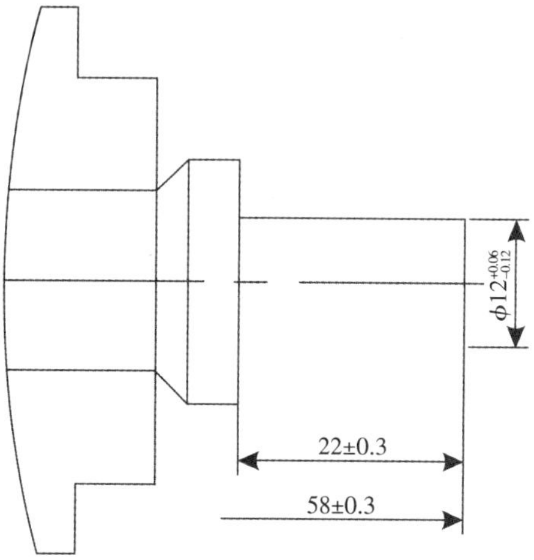
2	掉头用三爪卡盘一夹装夹工件： ①钻孔 $\phi 12\times 29$； ②镗孔 $\phi 13_{0}^{+0.11}\times 30$； ③倒角 $2\times 60°$。	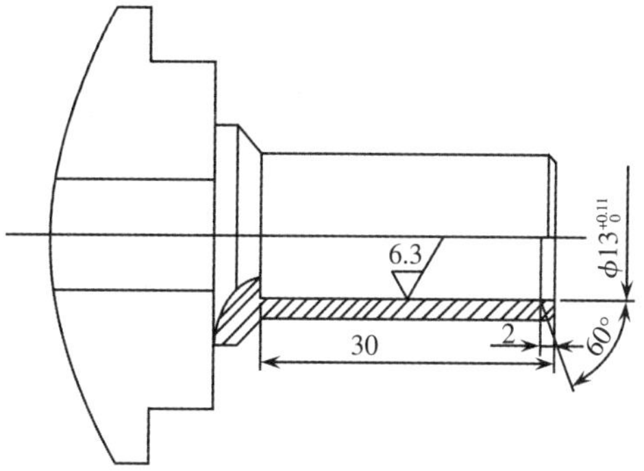
3	掉头装夹工件： ①倒角 $2\times 45°$； ②套螺纹 M12×1.5，控制长度尺寸 18。	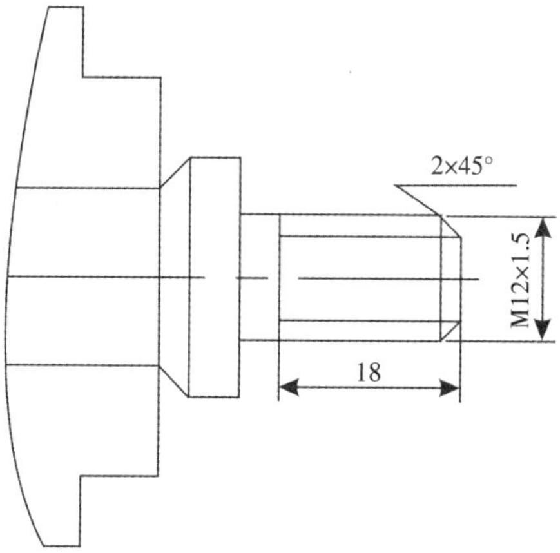

81

表 12-12 工艺卡片 1

学院机电厂	加工工序卡		产品名称或代号		零件名称	材料	零件图号	
			振动器		螺纹接头	45		
工序号	编号	夹具名称	夹具编号		使用设备		车间	
1		三爪卡盘			CQ6136 或 CA6140		车工实训室	
工步号		加工面	刀具	刀具规格 (mm)	主轴转速 (r/min)	进给速度 (mm/r)	背吃刀量 (mm)	备注
1		端面	端面车刀	45°	250	0.2	0.5	白钢刀
2		车外圆	外圆车刀	75°	250	0.2	0.5	白钢刀
编制		审核	批准		日期		共 页	第 页

表 12-13 工艺卡片 2

学院机电厂	加工工序卡		产品名称或代号		零件名称	材料	零件图号	
			振动器		螺纹接头	45		
工序号	编号	夹具名称	夹具编号		使用设备		车间	
1		三爪卡盘			CQ6136 或 CA6140		车工实训室	
工步号		加工面	刀具	刀具规格 (mm)	主轴转速 (r/min)	进给速度 (mm/r)	背吃刀量 (mm)	备注
1		钻孔	麻花钻	φ12	250	0.2	6	白钢刀
2		镗孔	镗孔刀	93°	380	0.15	0.5	白钢刀
编制		审核	批准		日期		共 页	第 页

表 12－14 工艺卡片 3

学院机电厂	加工工序卡		产品名称或代号		零件名称	材料	零件图号	
			振动器		螺纹接头	45		
工序号	编号	夹具名称	夹具编号		使用设备		车间	
1		三爪卡盘			CQ6136 或 CA6140		车工实训室	
工步号		加工面	刀具	刀具规格/mm	主轴转速 r/min	进给速度 mm/r	背吃刀量/mm	备注
1		倒角	倒角刀	45°	250	0.2	1	白钢刀
2		螺纹	扳牙	M12×1.5	105	1.5	1.95	
编制		审核	批准		日期		共 页	第 页

四、车螺杆轴

1. 训练图样

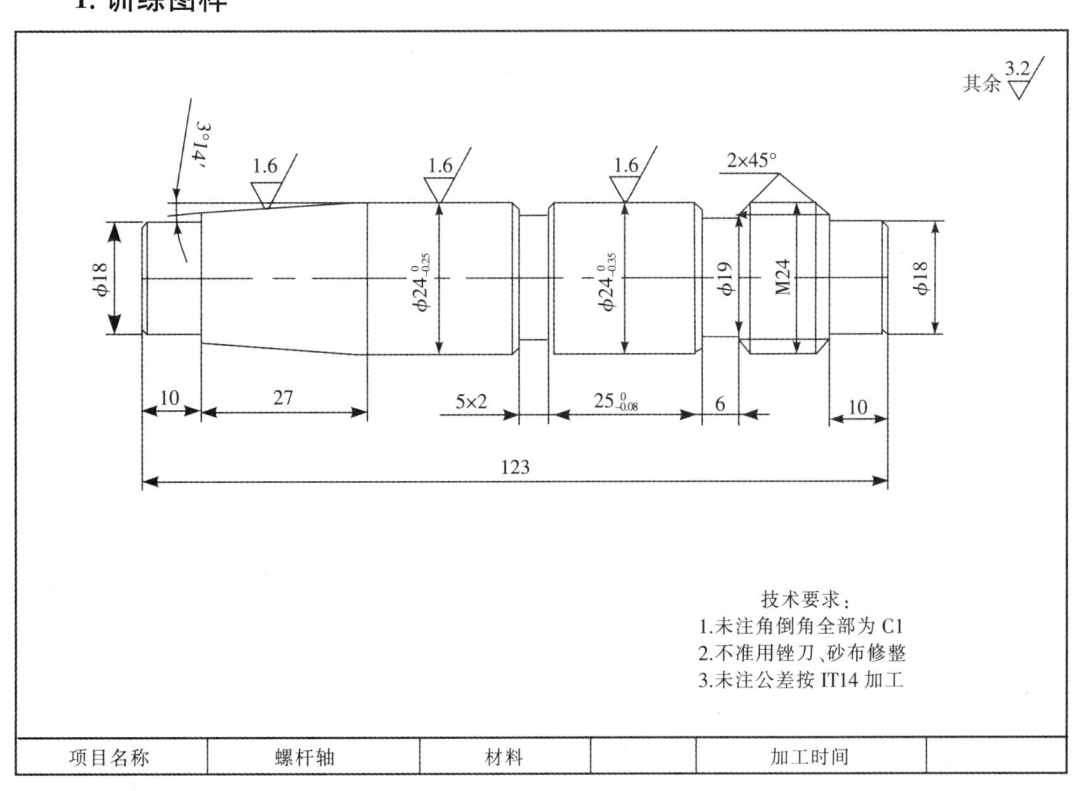

技术要求：
1. 未注角倒角全部为 C1
2. 不准用锉刀、砂布修整
3. 未注公差按 IT14 加工

	项目名称	螺杆轴	材料		加工时间	

2. 评分表

总 成 绩 表

序号	试题名称	配分(权重)	得分	备注
1	工量、刃具及设备的使用	5		
2	工艺制定	8		
3	安全文明生产	2		
4	螺杆轴车制过程	85		
	合　　计	100		

螺杆轴车制过程评分表

序号	项目	考核内容	配分 IT	配分 Ra	检测结果	得分
1	螺纹	$\phi 24^{0}_{-0.315}$	4			
2	螺纹	M24-8h　　Ra1.6	14	8		
3	螺纹	60°±8′	5			
4	螺纹	30	2			
5	圆锥	3°±14′　　Ra1.6	12	4		
6	圆锥	$\phi 24^{0}_{-0.025}$	6	2		
7	圆锥	27	2			
8	外圆	$\phi 24^{0}_{-0.035}$　Ra1.6	6	4		
9	外圆	$\phi 18$ 两处　　Ra3.2	2	2		
10	长度	$25^{0}_{-0.084}$	4			
11	长度	123	3			
12	长度	10、67、31、10	2			
13	其他	1×45°2×45°	3			
合计			85			

注:评分标准:尺寸和形状位置精度每超差0.01mm时扣该项1分,直至扣除该项全部分,粗糙度增值时扣该项全部分。

否定项:M24-8h中径尺寸超差和圆锥角度3°±14′超差时,视为不合格。

3. 训练准备

(1)材料为45热轧圆钢;毛坯为 $\phi 25 \times 125$ 一根;

(2)工具为鸡心夹头、顶尖、扳手、钻夹头、变径套等;刀具主要有外圆刀、倒角刀、切槽刀、螺纹刀、中心钻等;量具主要有游标卡尺、千分尺等。

4. 训练内容和要求

(1) 正确执行安全技术操作规程;

（2）工件的各尺寸精度、形位精度、表面粗糙度均要达到图样规定要求；

（3）不准用锉刀、砂布等对工件修整加工；

（4）学会使用硬质合金刀具高速加工；

（5）学会车螺纹；

（6）学会车削锥度；

（7）熟练使用千分尺、游标卡尺测量工件；

（8）按有关文明生产的规定，做到工作地整洁，工件、量具、刀具、工具摆放在正确的位置。

5. 工艺实施过程

螺杆轴车削工艺过程，参见表 12-15 至表 12-19。

表 12-15 工艺过程卡

工序号	工序内容	简图
1	三爪自定心卡盘夹住毛坯外圆： ①车端面，车平端面即可； ②钻中心孔； ③掉头，车另一端面，控制长度尺寸 123； ④钻中心孔。	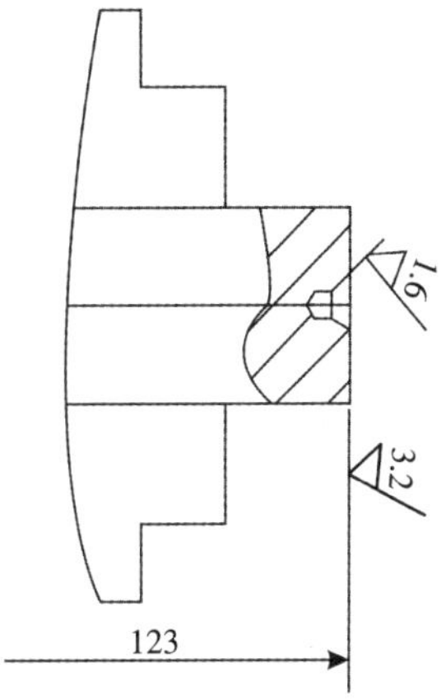
2	用三爪卡盘一夹装夹工件： ①车工艺台阶，一端车至 $\phi 20 \times 8$； ②倒角 $1 \times 45°$。	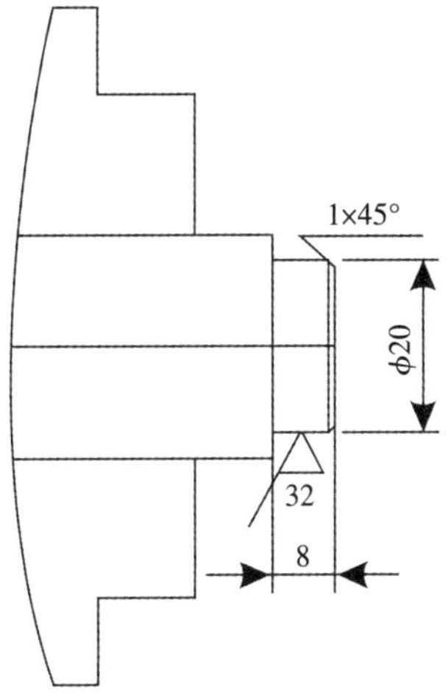

续表

工序号	工序内容	简图
3	掉头，一夹一顶法装夹工件： ①车 $\phi24_{-0.035}^{0}$ 外圆； ②车 M24 螺纹大径； ③车 $\phi18\times10$ 外圆； ④切槽 $\phi19\times6$； ⑤倒角 $1\times45°$ 两处、$2\times45°$ 两处； ⑥车 M24 螺纹。	
4	掉头，两顶法装夹工件： ①车外圆； ②车锥度 $3°14'\times27$； ③切槽； ④倒角、去毛刺；	

表 12-16 工艺卡片 1

学院机电厂	加工工序卡	产品名称或代号		零件名称	材料	零件图号
				螺杆轴	45	
工序号	编号	夹具名称	夹具编号	使用设备		车间
1		三爪卡盘		**CQ6136 或 CA6140**		车工实训室
工步号			加工面	刀具	刀具规格(mm)	主轴转速(r/min)	进给速度(mm/r)	背吃刀量(mm)	备注
1			端面	端面车刀	45°	400	0.2	0.5	
2			钻中心孔	中心钻	B2	750	0.1	2	
3			端面	端面车刀	45°	400	0.2	0.5	
4			钻中心孔	中心钻	B2	750	0.1	2	
编制		审核		批准	日期	共 页	第 页		

表 12-17 工艺卡片 2

学院机电厂	加工工序卡		产品名称或代号		零件名称	材料	零件图号	
					螺杆轴	45		
工序号	编号	夹具名称	夹具编号		使用设备		车间	
2		三爪卡盘			CQ6136 或 CA6140		车工实训室	
工步号		加工面	刀具	刀具规格 (mm)	主轴转速 (r/min)	进给速度 (mm/r)	背吃刀量 (mm)	备注
1		车外圆	外圆车刀	90°	750	0.2	0.5	
2		倒角	端面刀	45°	450	0.2	1	
编制		审核		批准		日期	共 页	第 页

表 12-18 工艺卡片 3

学院机电厂	加工工序卡		产品名称或代号		零件名称	材料	零件图号	
					螺杆轴	45		
工序号	编号	夹具名称	夹具编号		使用设备		车间	
3		一夹一顶			CQ6136 或 CA6140		车工实训室	
工步号		加工面	刀具	刀具规格 (mm)	主轴转速 (r/min)	进给速度 (mm/r)	背吃刀量 (mm)	备注
1		车外圆	外圆车刀	90°	750	0.2	0.5	
2		倒角	端面刀	45°	450	0.2	1	
3		切槽	切槽刀	4×10	450	0.1	4	
4		螺纹	螺纹刀	60°	80	3	1	高速钢
5								
编制		审核		批准		日期	共 页	第 页

表 12-19 工艺卡片 4

学院机电厂	加工工序卡		产品名称或代号		零件名称	材料	零件图号	
					螺杆轴	45		
工序号	编号	夹具名称	夹具编号		使用设备		车间	
2		鸡心夹头			CQ6136 或 CA6140		车工实训室	
工步号			加工面	刀具	刀具规格(mm)	主轴转速(r/min)	进给速度(mm/r)	背吃刀量(mm)	备注
1			车外圆	外圆车刀	90°	750	0.2	0.5	
2			倒角	端面刀	45°	450	0.2	1	
3			切槽	切槽刀	4×10	450	0.1	4	
4			车锥度	外圆车刀	90°	750	0.15	0.3	
编制		审核	批准		日期		共 页	第 页

第十三章 数控车床编程与加工实训介绍

一、GSK928TE 车床数控系统介绍

GSK928TE 车床数控系统。采用国际标准数控语言-ISO 代码编写零件程序，μ 级精度控制，全屏幕编辑，中文操作界面，加工零件图形实时跟踪显示，操作简单直观。可配套步进电机或交流伺服驱动器，通过编程可以完成外圆、端面、切槽、锥度、圆弧、螺纹等加工。

1. 系统操作面板

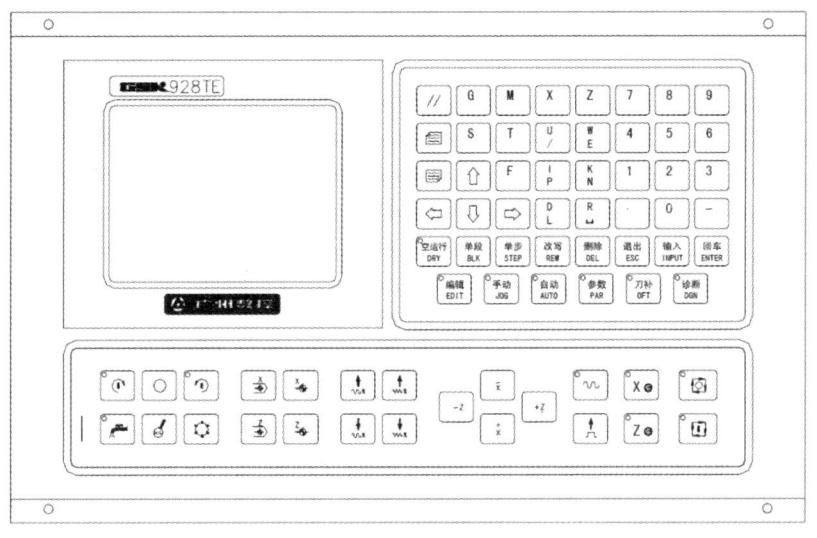

图 13－1　GSK928TE 数控车床操作面板

功能键：按下功能键完成相应功能，主要功能键图标及含义如下：

    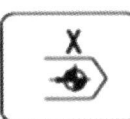 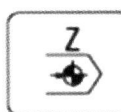

图 13－2　主要功能键图标 1

快速倍率增加　手动方式中增大快速移动速度倍率，自动运行中增大 G00 指令速度倍率。

快速倍率减小　手动方式中减小快速移动速度倍率，自动运行中减小 G00

指令速度倍率。

进给倍率增加　手动方式中增大进给速度倍率,自动运行中增大 G01 指令速度倍率。

进给倍率减小　手动方式中减小进给速度倍率,自动运行中减小 G01 指令速度倍率。

X 轴回程序参考点　仅手动/自动工作方式下有效。

Z 轴回程序参考点　仅手动/自动工作方式下有效。

图 13-3　主要功能键图标 2

循环启动键　自动运行中启动程序,开始自动运行。

进给保持键　手动或自动运行中电机减速停止,暂停运行。

快速/进给键　手动运行中进行快速移动速度与进给速度的相互切换。

手动步长选择　在手动单步/手轮工作方式中选择单步进给或手轮进给的各级步长。

X 轴手轮选择　当配置有电子手轮时,选择 X 轴的移动由电子手轮控制。(当手轮控制有效时,与轴运动相关的其他控制键无效)

Z 轴手轮选择　当配置有电子手轮时,选择 Z 轴的移动由电子手轮控制。(当手轮控制有效时,与轴运动相关的其他控制键无效)

图 13-4　主要功能键图标 3

主轴正转　主轴按顺时针方向转动。

主轴反转　主轴按逆时针方向运转。

主轴换挡键　对安装有多速主轴电机及控制回路的机床,选择主轴的各挡转速。

换刀键　选择与当前刀号相邻的下一个刀号的刀具。

系统复位键　系统复位时所有轴运动停止。所有辅助功能输出无效,机床停止运行并呈初始上电状态。

2. 对刀操作

(1)对刀前准备工作。

(2)当刀偏号不为零时,最好输入 T00 先撤销原刀偏再对刀,否则系统会将原来刀偏值与新偏值合并计算(仅在刀具磨损后重新对刀时需要)。必要时也可以带刀偏对刀。

(3)在机床上装夹好试切工件,选择任意一把刀(一般是加工中使用的第一把刀)。

(4)选择合适的主轴转速,启动主轴。在手动方式下移动刀具在工件上切出一个小台阶。

(5)在 X 轴不移动的情况下沿 Z 方向将刀具移动到安全位置,停止主轴旋转。

(6)测量所切出的台阶的直径,按"I"键,屏幕显示刀偏 X 输入测量出的直径值,按"Enter"键,屏幕显示 T ∗ X(∗ 表示当前的刀位号),按"Enter"键系统自动计算 X 轴方向的刀偏值,并将计算出的刀偏存入 ∗ 对应的 X 轴刀偏参数区。在刀偏工作方式下可以查看和修改。如果显示 T ∗ X 时输入 1~8 的数字键再按"Enter"键,则系统计算出的刀偏值将存入输入的数字对应的 X 轴刀偏参数区,不按"Enter"键而按"Esc"键,则取消刀偏计算及存储。

(7)再次启动主轴,在手动方式下移动刀具在工件上切出一个端面。

(8)在 Z 轴不移动的情况下沿 X 方向将刀具移动到安全位置,停止主轴旋转。选择一点作为基准点(该点最好是机床上的一个固定点,如卡盘端面或切工装基准面,以便以后重新对刀时能找出原来的基准点),测量所切端面到所选基准点在 Z 方向的距离。按"K"键,屏幕显示刀偏 Z 输入测量出的数据,按"Enter"键,屏幕显示 T ∗ Z(∗ 表示当前的刀位号),按"Enter"键,系统自动计算所选刀具在 Z 轴方向的刀偏值,并将计算出的刀偏值存入当前刀号对应的 Z 轴刀偏参数区。在刀偏工作方式下可以查看和修改。如果显示 T ∗ Z 时输入 1~8 的数字键再按"Enter"键,则系统计算出的刀偏值将存入输入的数字对应的 Z 轴刀偏参数区,不按"Enter"键而按"Esc"键,则取消刀偏计算及存储。

(9)换下一把刀,并重复 1~6 步骤的操作对好其他刀具。

(10)当工件坐标系没有变动的情况下,可以通过上述过程对任意一把刀进行对刀操作。在刀具磨损或调整一把刀时,操作非常快捷、方便。有时刀补输不进去或计算出的数据不正确时,可以先撤销刀补(T00)或执行回程序零点操作。

3. 编程操作

按工作方式选择键进入"编辑"工作方式,显示当前程序所存储的全部零件程序的程序名。

(1)新零件程序的建立过程如下。

①在零件程序目录检索状态按"Input"键。

②从键盘输入两位程序目录清单中不存在的程序号作为新程序号。

③按"Enter"键。

④新零件程序建立完成,系统自动进入程序编辑状态。

例:建立%20号程序:按"输入"键,输入数字键20按"Enter"键。新程序%20建立完成,进入%20程序的编辑。

(2)零件程序的选择。

①在零件程序目录检索状态按"Input"输入键。

②从键盘输入需要选择的程序号。

③按"Enter"键。

④完成零件程序的选择并显示零件程序内容,进入编辑工作状态。

例:选择%01号零件程序:按"Input"输入键,输入01按"Enter"键。选择%01号零件程序完成。

(3)程序内容的输入数控系统的编辑方式为全屏幕编辑方式。程序内容的输入在编辑工作方式下进行。

①按新零件程序建立的操作方式建立新程序。

②显示器上显示程序段号 N0000 后,通过键盘输完一行程序后按 Enter 键,结束本行输入。

③系统自动产生下一个程序段顺序号,并继续输入程序内容。

④输入完最后一行程序,按"Esc"键,结束程序内容的输入。

⑤在第一行程序之间插入程序行。按方向键将光标移动到第一行程序的行首,然后按 Enter 键。

4. 机床操作

(1)手动单步进给。

在手动单步进给方式中,机床拖板每次移动的距离是按事先选定好的步长,每按一次手动进给方向键,机床拖板就在所选的坐标轴及方向移动一个选定步长的距离。按键不放开,机床拖板将连续按步长进给,直到该键放开后移动完最后一个步长。

(2)手轮控制。

在手轮控制方式中,可以通过转动手摇脉冲发生器(手轮)来控制机床拖板的微量移动。按"手轮方式"键可以进入手轮控制方式并同时选择手轮所控制的坐标轴。

①选择好所需移动的坐标轴后转动手轮,所选坐标轴即可根据手轮转动而

移动。顺时针转动手轮,坐标轴向正方向移动;逆时针转动手轮,坐标轴向负方向移动。

②手轮每格移动量的选择只有 0.001 mm、0.01 mm、0.1 mm 三挡。按"手动步长选择"键可以在 0.001、0.01、0.1 三挡之间循环切换,当工作方式由单步方式进入手轮方式时,若原来步长大于 0.1,则手轮每格移动量自动选择为 0.1 mm。

5. 自动工作方式

在自动工作方式中,系统按照选定的零件程序逐段执行,加工出合格的工件。按"工作方式选择"键进入自动工作方式。自动工作方式中有机床锁住运行和加工运行方式以及单程序段加工运行和连续加工运行方式。

二、数控车床实训过程

1. 开机与关机的步骤
开机步骤:

关机步骤:

2. 手动操作
一般在以下情况进行回零操作,以建立正确的机床坐标系。

3. 手动操作
快进操作方法:

4. 手轮进给操作方法

5. 对刀操作

6. 程序的传输
加工程序编辑:

程序存储加工:

三、数控车床编程与加工

1. 外圆与端面加工

(1)图纸。

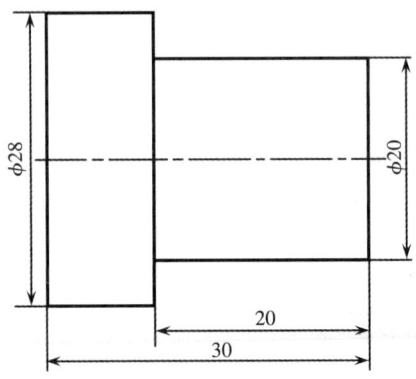

(2)加工工艺。

①刀具的选用。

②最大、最小公差及表面粗糙度。

(3)手工编程程序。

序号	程序	解释
1		
2		
3		
4		
5		
6		

(4)切削路径表述如下。

2. 圆弧圆锥轴加工

(1)图纸。

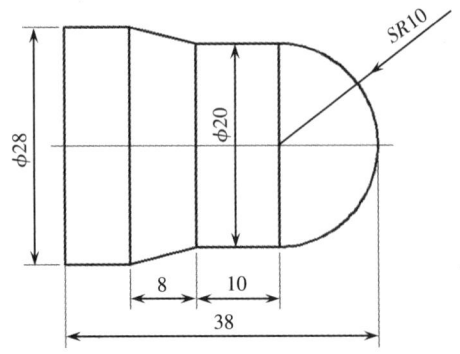

(2)加工工艺。

①刀具的选用。

②最大、最小公差及表面粗糙度。

(3)手工编程程序。

序号	程序	解释

(4)切削路径如下。

3. 外圆复合加工

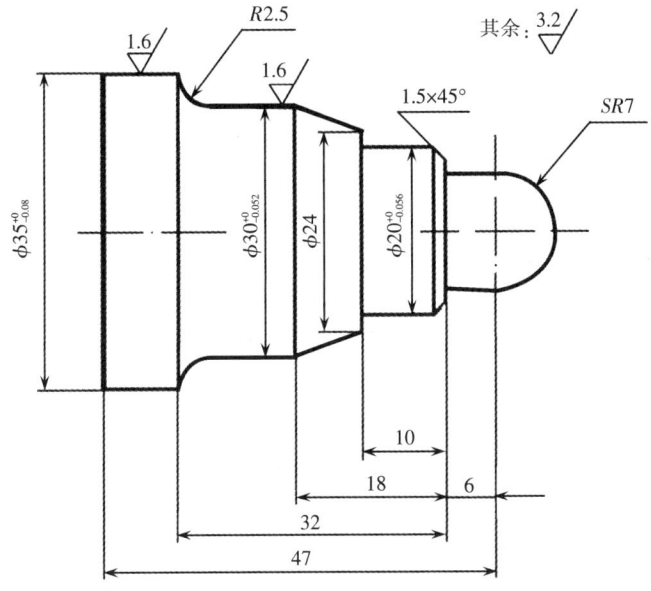

4. 总结

通过自己一周以来亲身经历的数控实训,把自己在加工过程中的感想分享给大家。

附录一　初、中级车工考核标准和样卷

一、考核标准

1. 初级工技能要求

(1) 自用设备的操作、保养,并能及时发现一般故障。
(2) 使用常用的工具、夹具、量具,并能进行维护保养。
(3) 根据工件材料和加工要求,合理选用和刃磨各种常用刀具和钻头。
(4) 较合理选择切削用量。
(5) 看懂零件图,正确执行工艺规程。
(6) 正确使用通用夹具和组合夹具。
(7) 车削常用的内、外锥。
(8) 车削简单成形面工件。
(9) 车削内、外三角形螺纹和较短的、一般精度的矩形和梯形螺纹。
(10) 一般轴类零件的加工和测量。
(11) 钳工基本操作技能。
(12) 正确执行安全技术操作规程。
(13) 做到岗位责任制和安全文明生产的各项要求。

2. 中级工技能要求

(1) 防止并能排除自用车床的一般故障。
(2) 根据工件的技术要求,刃磨较复杂的成形刀具。
(3) 合理使用工具、夹具,正确选用测量仪器。
(4) 看懂较复杂的零件图和一般部件的装配图,绘制一般零件图。
(5) 会对细长轴、长丝杠、偏心工件、两拐曲轴、深孔等工件进行精车和测量。
(6) 在花盘和角铁上装夹和加工较复杂的工件。
(7) 内、外多线螺纹的精车和测量。
(8) 蜗杆(多头蜗杆)的精车和测量。

二、样 卷

初级工实操样卷

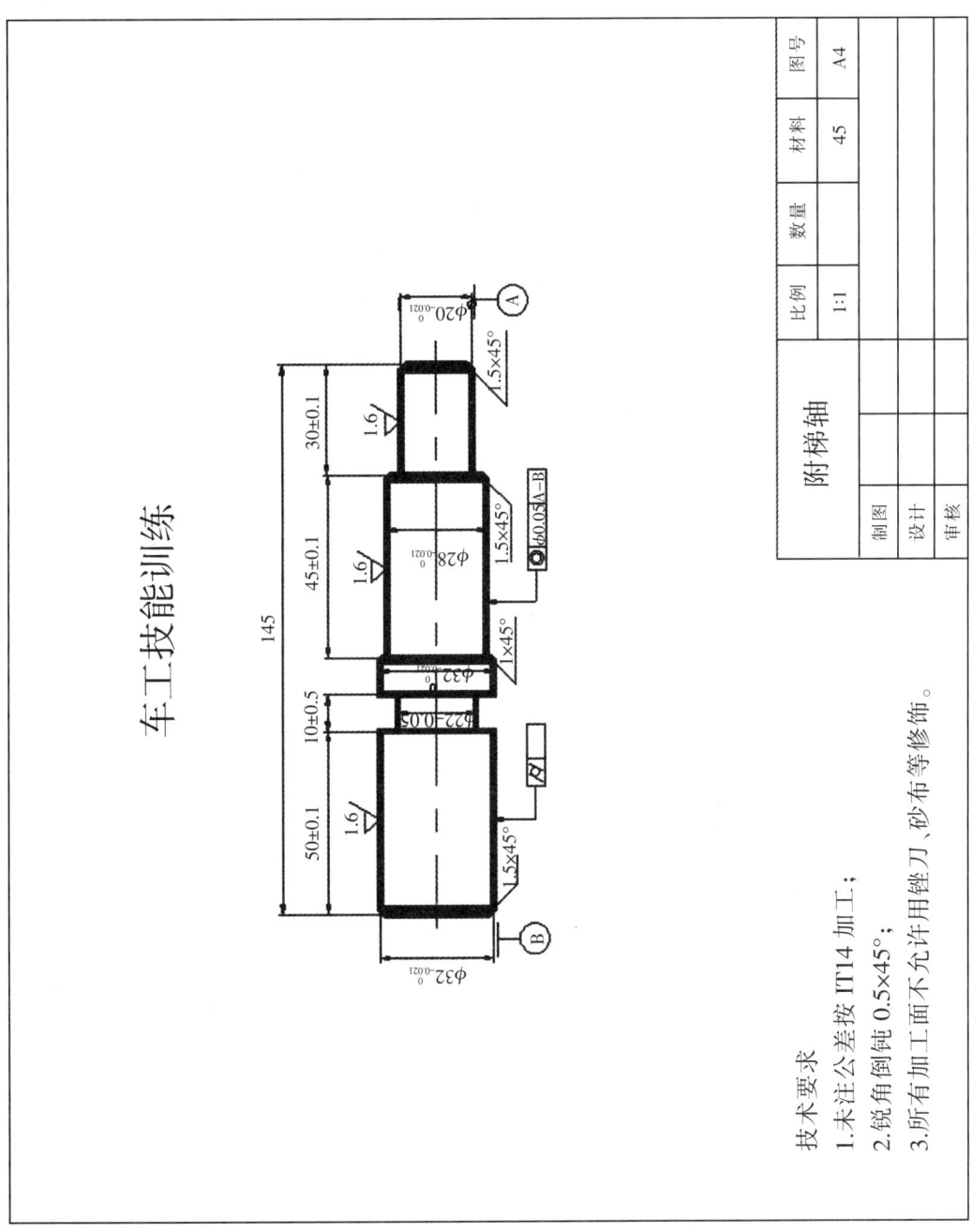

附录二 车工实训基础练习参考题

训练一 机床结构和操作训练

(1)了解机床的结构和各手柄的位置、功用。

(2)手摇动大、中、小滑板及其刻度盘的最小单位,并掌握各滑板的前进和后退的方向。

(3)调节主轴的转速。

(4)了解三爪卡盘的结构。

(5)安装车刀练习。

训练二　端面、中心孔训练

根据车工实训基础练习工步图,图号为 1-1 插头和 3-1 手柄,按要求加工该零件。

要求:①掌握该零件的加工工艺,明确加工质量要求;②正确选择、调定转速和进给量;③掌握车端面、钻中心孔的技能和中心钻防断措施;④正确检测工件质量。

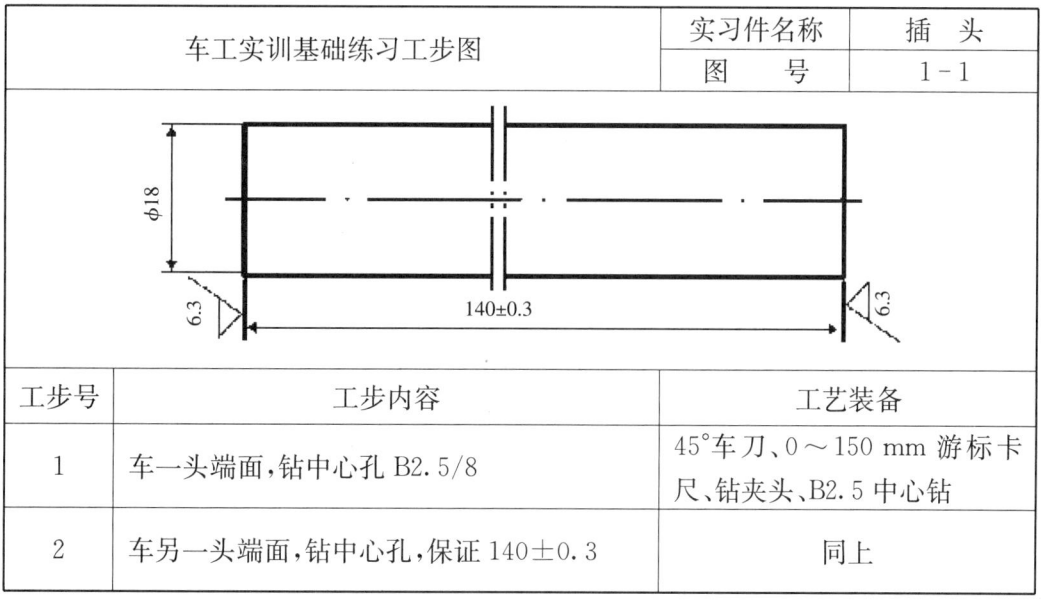

车工实训基础练习工步图		实习件名称	插　头
		图　号	1-1
工步号	工步内容		工艺装备
1	车一头端面,钻中心孔 B2.5/8		45°车刀、0～150 mm 游标卡尺、钻夹头、B2.5 中心钻
2	车另一头端面,钻中心孔,保证 140±0.3		同上

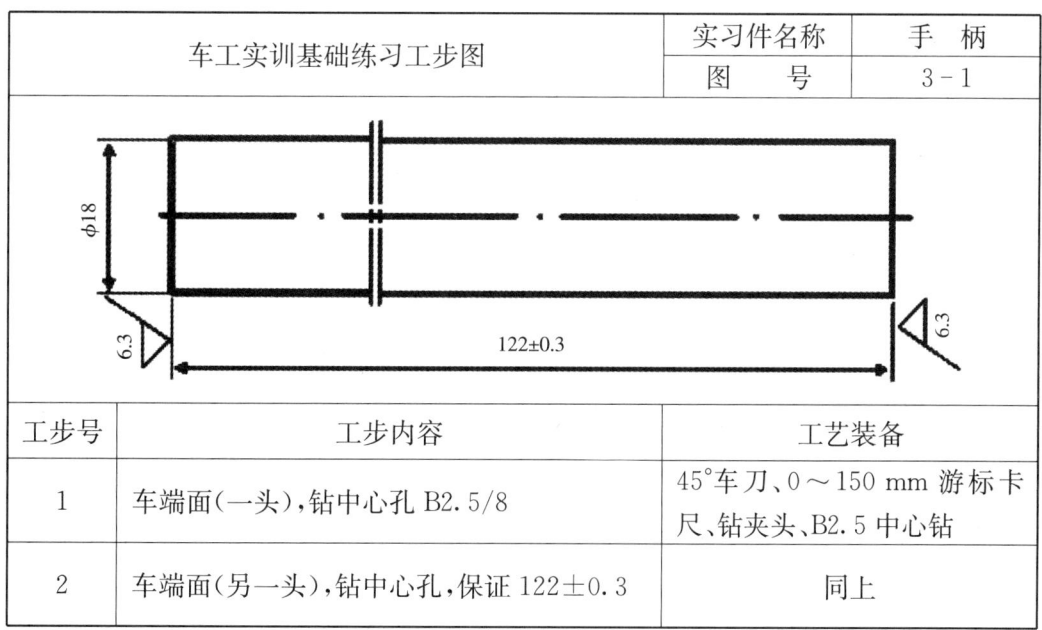

车工实训基础练习工步图		实习件名称	手　柄
		图　号	3-1
工步号	工步内容		工艺装备
1	车端面(一头),钻中心孔 B2.5/8		45°车刀、0～150 mm 游标卡尺、钻夹头、B2.5 中心钻
2	车端面(另一头),钻中心孔,保证 122±0.3		同上

训练三　外圆阶梯轴车削训练

根据车工实训基础练习工步图,图号为 1-2、2-2、3-3、2-3 和 2-6 所示,按要求加工该零件。

要求:①掌握该零件的加工工艺,明确加工质量要求;②正确选择、调定转速和进给量;③掌握车外圆阶梯轴的技能和尺寸、表面质量控制的方法;④正确检测工件质量。

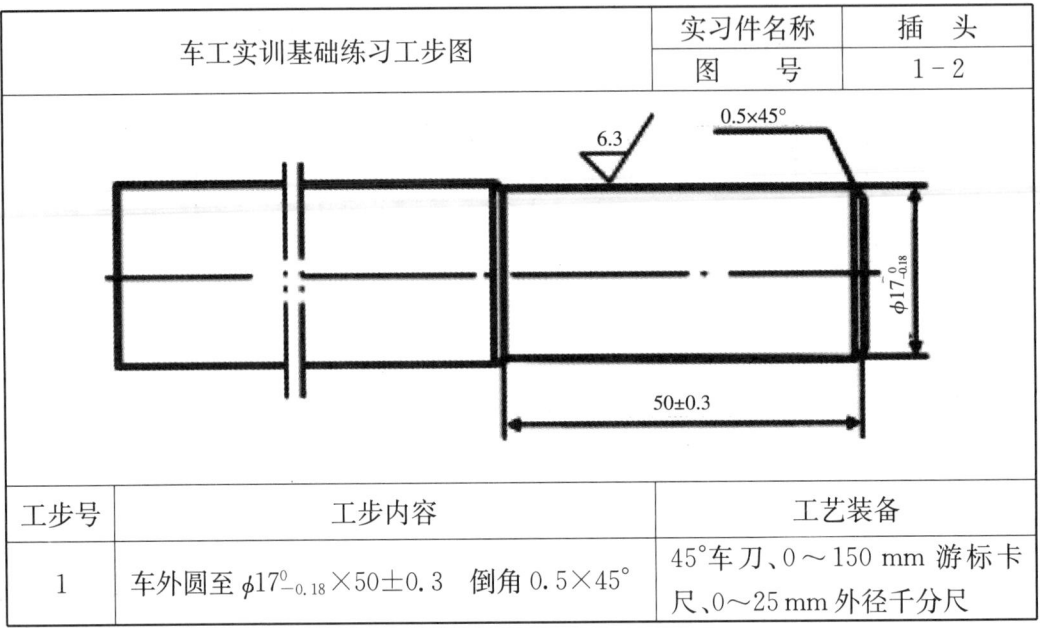

工步号	工步内容	工艺装备
1	车外圆至 $\phi17^{\ 0}_{-0.18}\times 50\pm0.3$　倒角 $0.5\times45°$	45°车刀、0~150 mm 游标卡尺、0~25 mm 外径千分尺

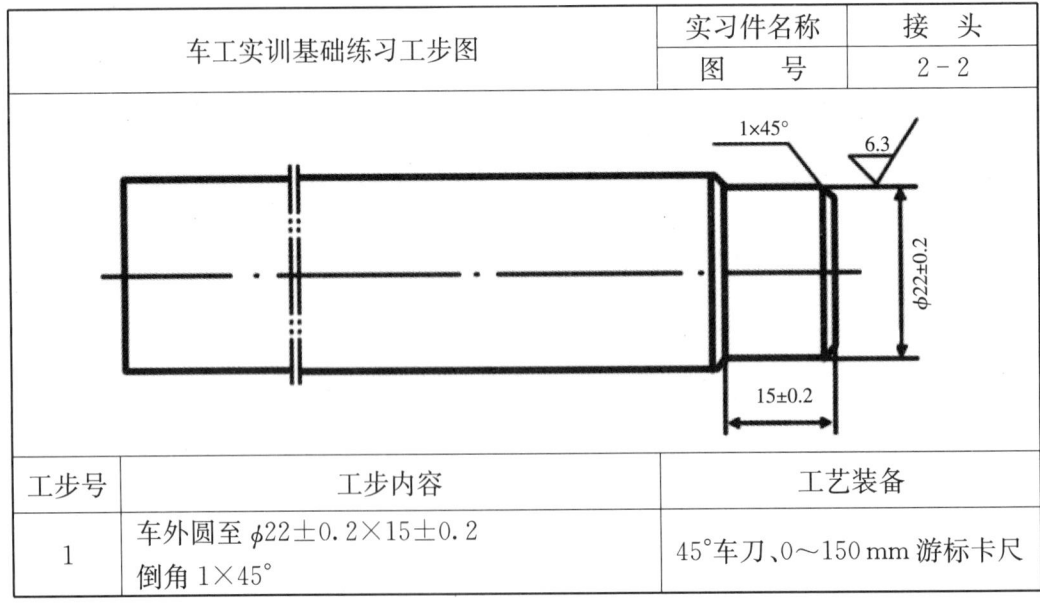

工步号	工步内容	工艺装备
1	车外圆至 $\phi22\pm0.2\times15\pm0.2$　倒角 $1\times45°$	45°车刀、0~150 mm 游标卡尺

车工实训基础练习工步图	实习件名称	手 柄
	图 号	3-3

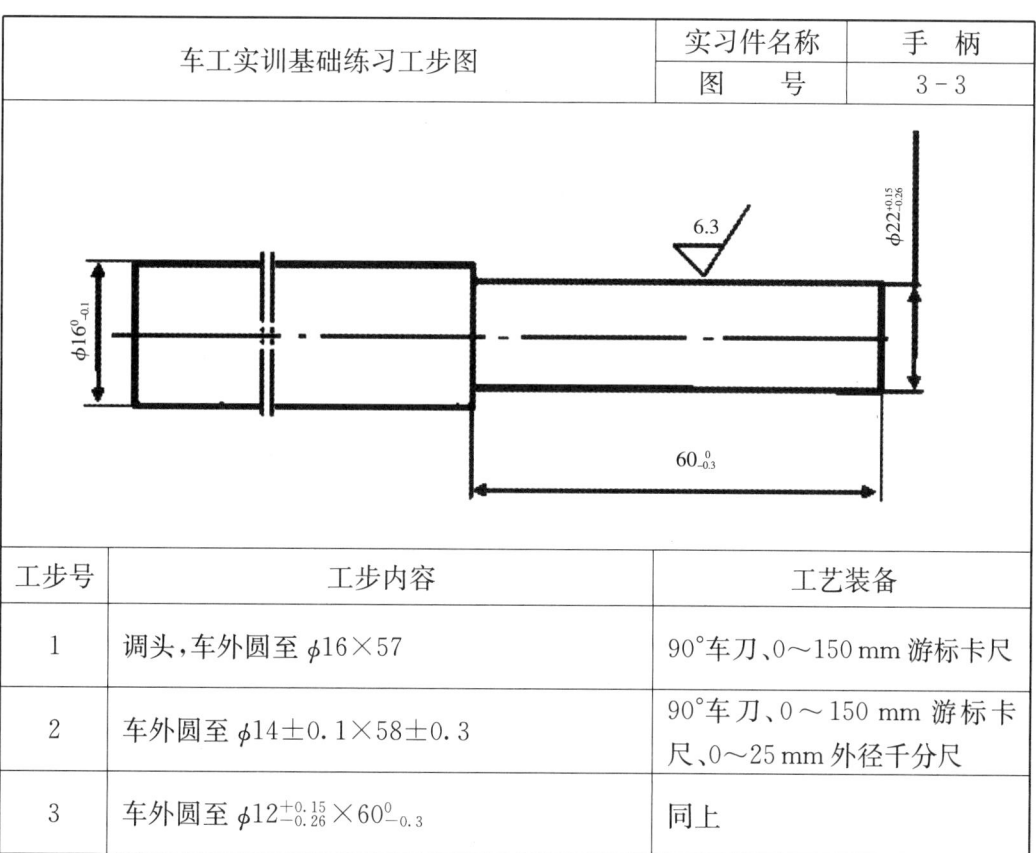

工步号	工步内容	工艺装备
1	调头,车外圆至 $\phi16\times57$	90°车刀、0～150 mm 游标卡尺
2	车外圆至 $\phi14\pm0.1\times58\pm0.3$	90°车刀、0～150 mm 游标卡尺、0～25 mm 外径千分尺
3	车外圆至 $\phi12^{+0.15}_{-0.26}\times60^{0}_{-0.3}$	同上

车工实训基础练习工步图	实习件名称	接 头
	图 号	2-3

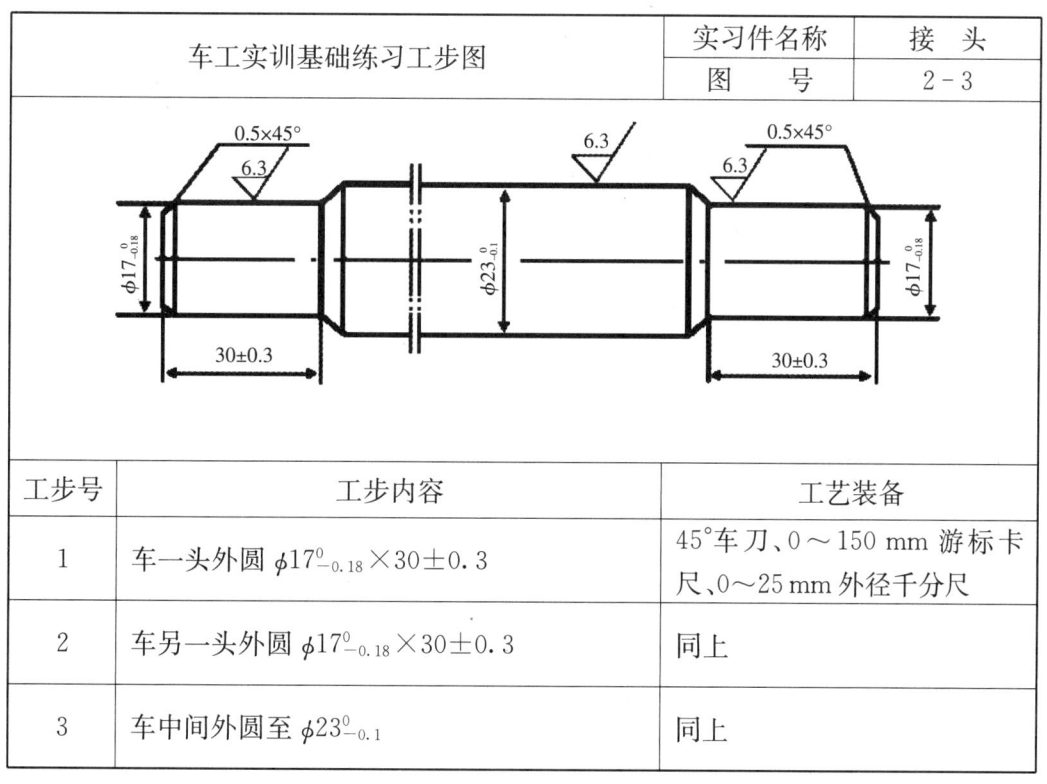

工步号	工步内容	工艺装备
1	车一头外圆 $\phi17^{0}_{-0.18}\times30\pm0.3$	45°车刀、0～150 mm 游标卡尺、0～25 mm 外径千分尺
2	车另一头外圆 $\phi17^{0}_{-0.18}\times30\pm0.3$	同上
3	车中间外圆至 $\phi23^{0}_{-0.1}$	同上

车工实训基础练习工步图	实习件名称	接 头
	图 号	2-6

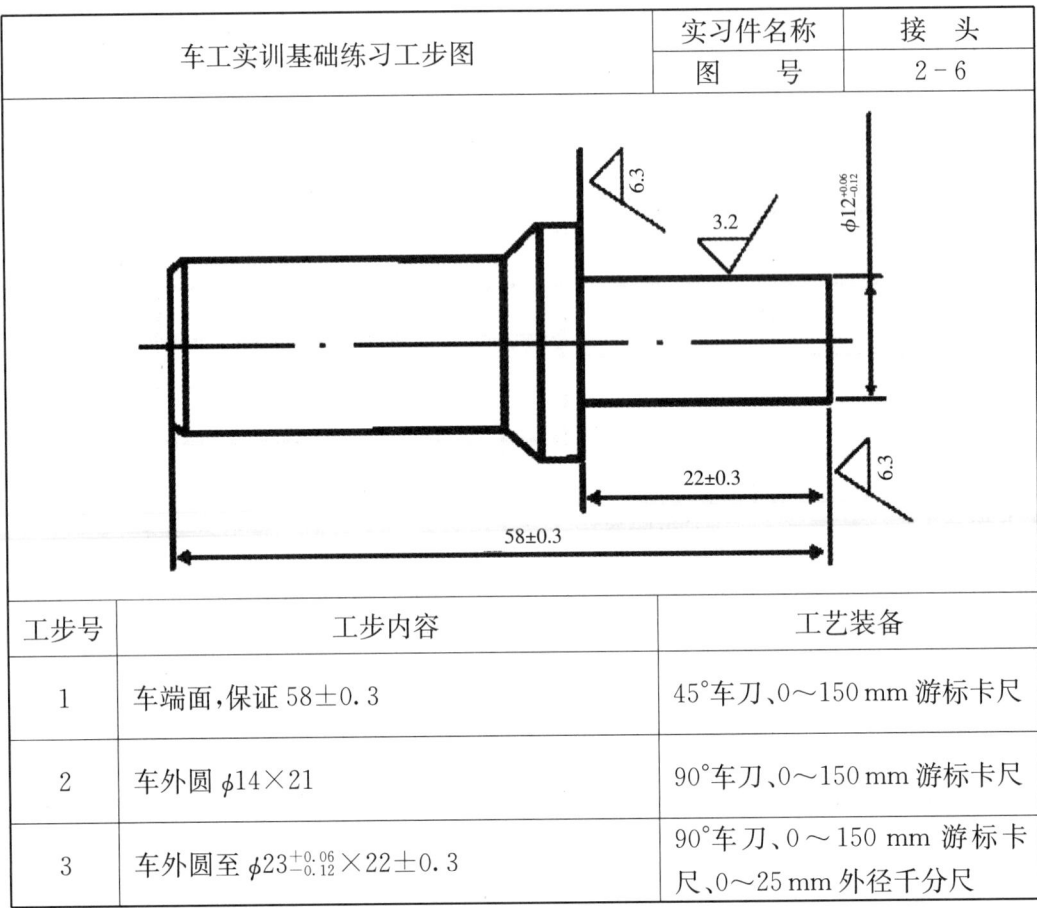

工步号	工步内容	工艺装备
1	车端面,保证 58±0.3	45°车刀、0~150 mm 游标卡尺
2	车外圆 $\phi14\times21$	90°车刀、0~150 mm 游标卡尺
3	车外圆至 $\phi23^{+0.06}_{-0.12}\times22\pm0.3$	90°车刀、0~150 mm 游标卡尺、0~25 mm 外径千分尺

训练四 切槽、切断训练

根据车工实训基础练习工步图,图号为 2-4 和 2-5 所示,按要求加工该零件。

要求:①掌握该零件的加工工艺,明确加工质量要求;②正确选择、调定转速和进给量;③掌握切断、切槽刀具的安装;④掌握切断、切槽的技能和注意事项;⑤学会尺寸、表面质量控制和工件质量检测。

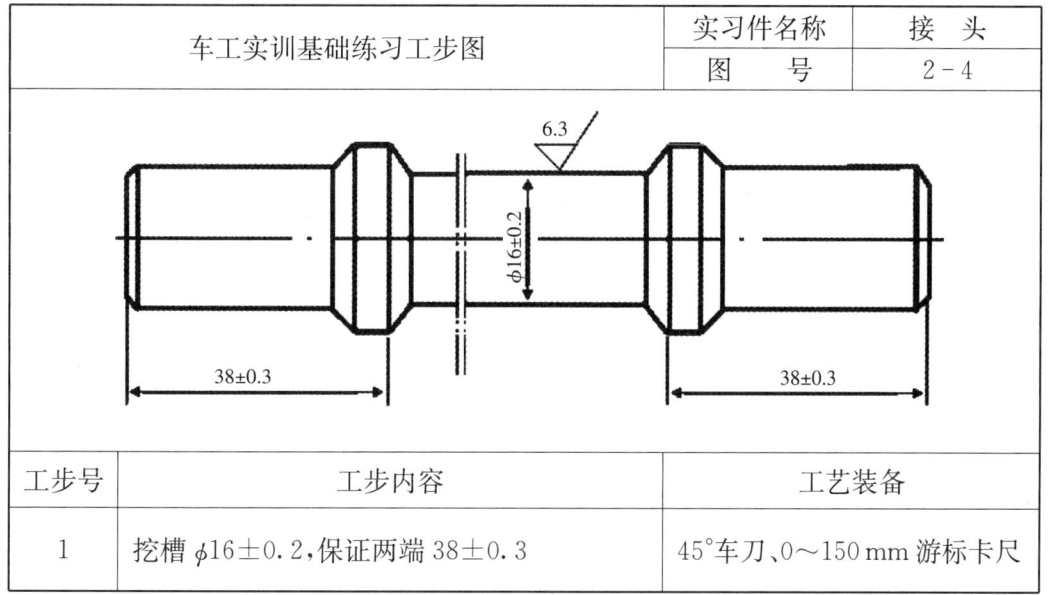

	车工实训基础练习工步图	实习件名称	接 头
		图 号	2-4

工步号	工步内容	工艺装备
1	挖槽 $\phi16\pm0.2$,保证两端 38 ± 0.3	45°车刀、0~150 mm 游标卡尺

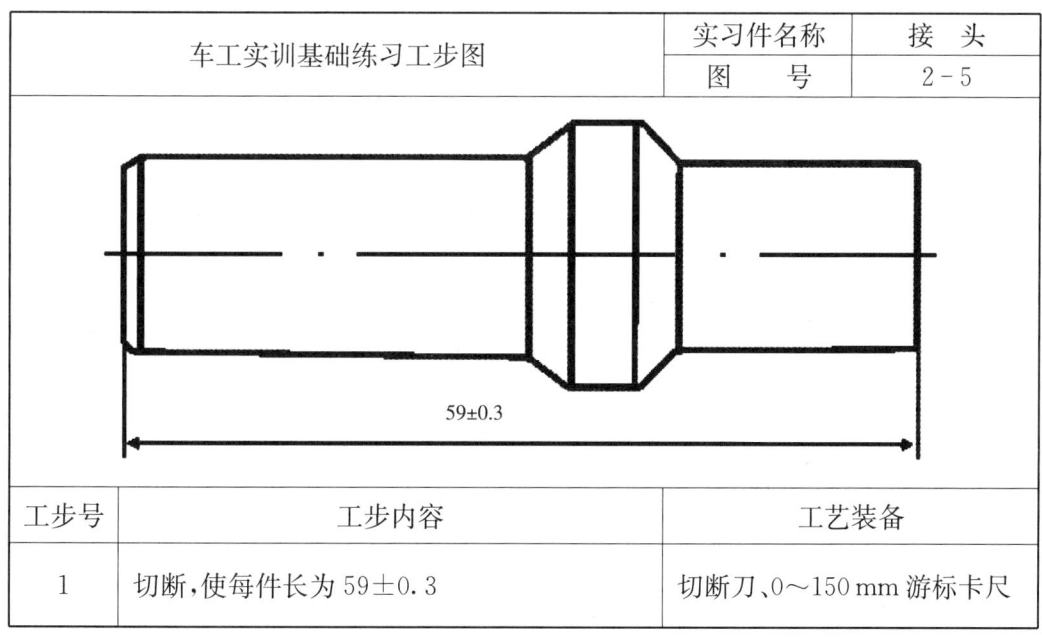

	车工实训基础练习工步图	实习件名称	接 头
		图 号	2-5

工步号	工步内容	工艺装备
1	切断,使每件长为 59 ± 0.3	切断刀、0~150 mm 游标卡尺

训练五 锥度练习

根据车工实训基础练习工步图,图号为 5-2 所示,按要求加工该零件的锥面。

要求:①掌握该零件的加工工艺,明确加工质量要求;②正确选择、调定转速和进给量;③注意车锥面时车刀的安装;④掌握用扳小滑板法车锥度;⑤学会调整锥度和涂色法检测锥度;⑥尺寸和表面质量控制。

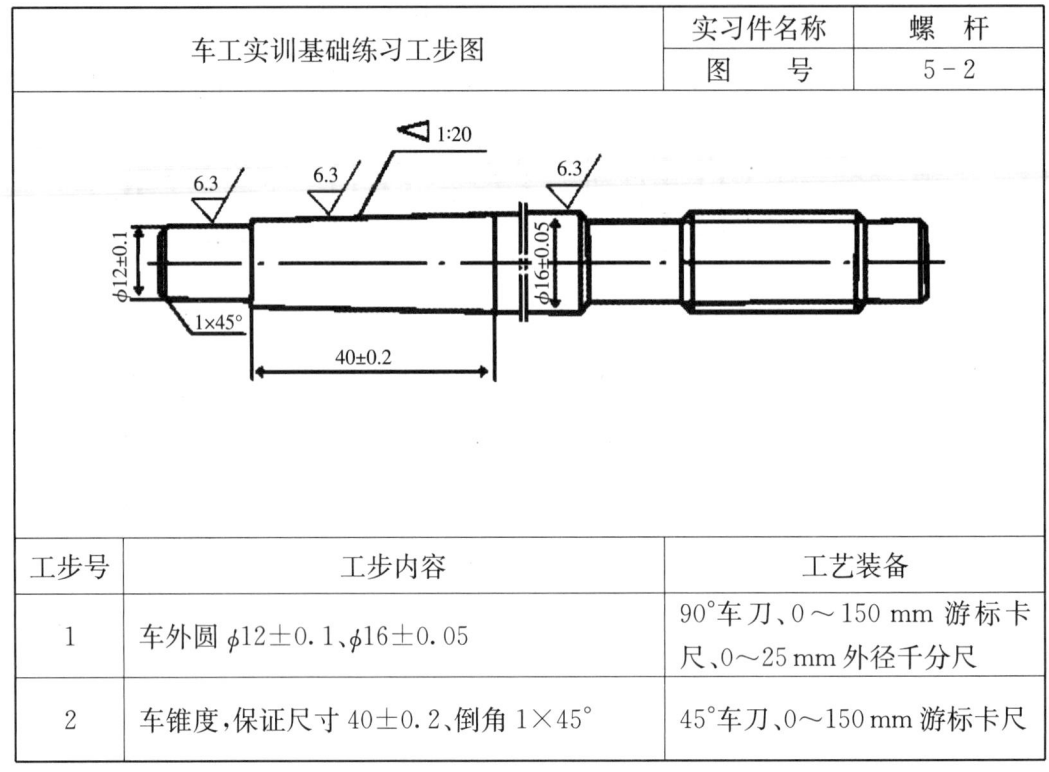

	车工实训基础练习工步图	实习件名称	螺 杆
		图 号	5-2

工步号	工步内容	工艺装备
1	车外圆 $\phi 12\pm 0.1$、$\phi 16\pm 0.05$	90°车刀、0～150 mm 游标卡尺、0～25 mm 外径千分尺
2	车锥度,保证尺寸 40±0.2、倒角 1×45°	45°车刀、0～150 mm 游标卡尺

训练六　钻、镗孔训练

根据车工实训基础练习工步图,图号为 4-2、4-4 和 2-7 所示,按要求加工该零件。

要求:①掌握该零件的加工工艺,明确加工质量要求;②正确选择、调定转速和进给量;③注意镗刀的安装;④掌握钻、镗孔的技能;⑤学会测量孔径和孔深的方法;⑥掌握内孔尺寸和表面质量控制。

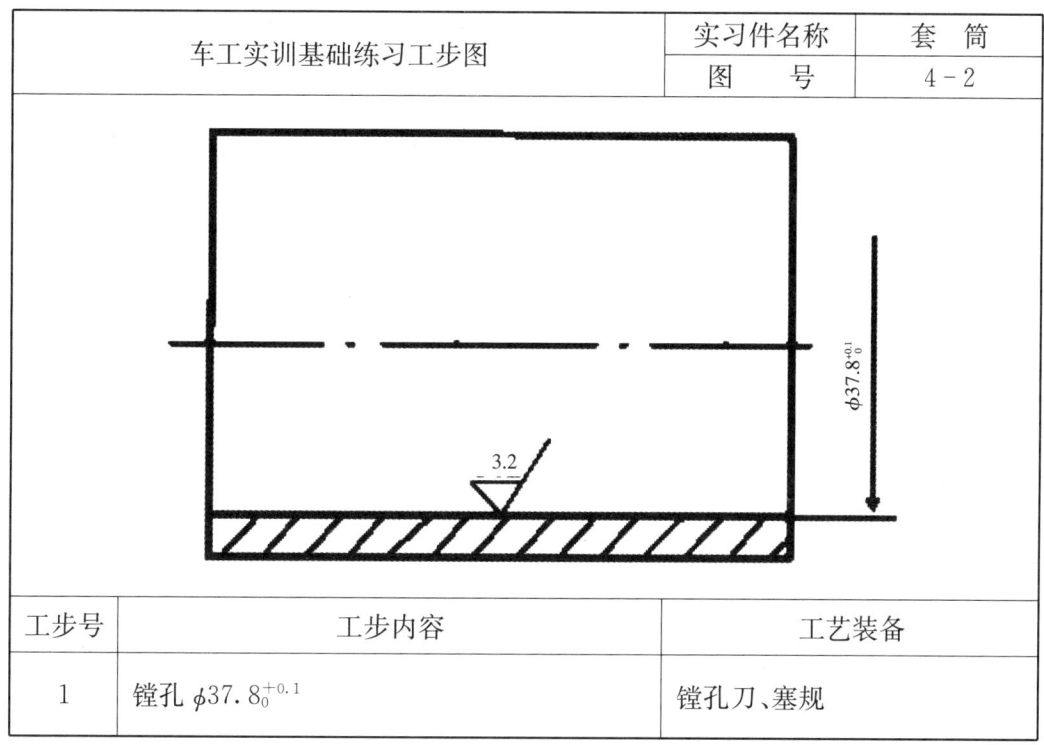

车工实训基础练习工步图		实习件名称	套　筒
		图　　号	4-2
工步号	工步内容		工艺装备
1	镗孔 $\phi 37.8_0^{+0.1}$		镗孔刀、塞规

车工实训基础练习工步图	实习件名称	套 筒
	图 号	4-4

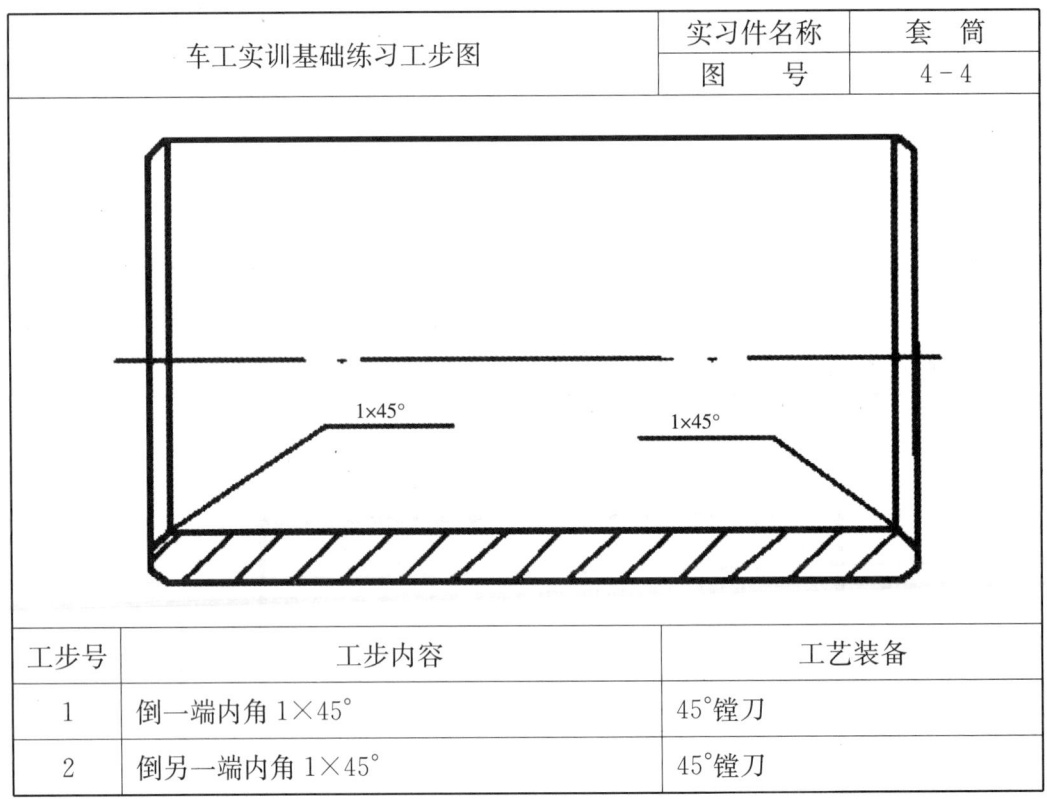

工步号	工步内容	工艺装备
1	倒一端内角 1×45°	45°镗刀
2	倒另一端内角 1×45°	45°镗刀

车工实训基础练习工步图	实习件名称	接 头
	图 号	2-7

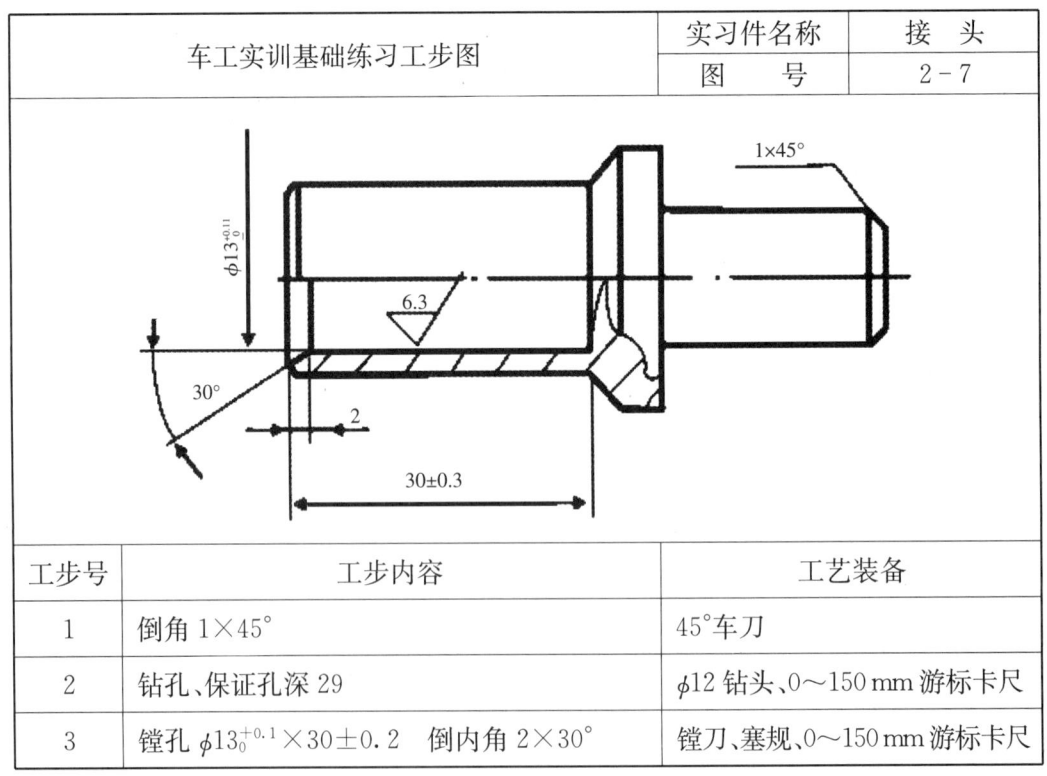

工步号	工步内容	工艺装备
1	倒角 1×45°	45°车刀
2	钻孔、保证孔深 29	$\phi 12$ 钻头、0～150 mm 游标卡尺
3	镗孔 $\phi 13_0^{+0.1} \times 30 \pm 0.2$ 倒内角 2×30°	镗刀、塞规、0～150 mm 游标卡尺

训练七　加工螺杆

根据车工实训基础练习工步图,图号为 5-1 所示,按要求加工该零件。

要求:①掌握该零件的加工工艺,明确加工质量要求;②正确选择、调定转速和螺距;③注意螺纹车刀的安装;④熟练掌握倒顺法加工螺纹的技能;⑤学会测量螺距和用螺纹环规测量螺纹尺寸的方法。

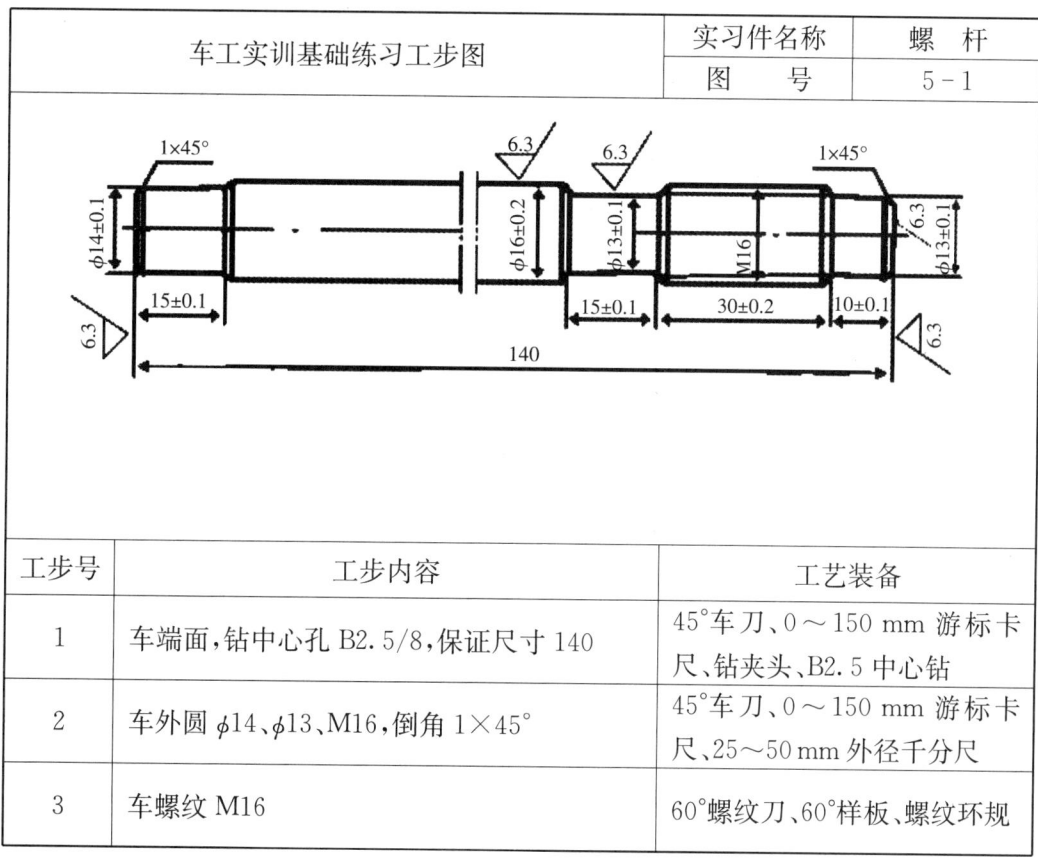

车工实训基础练习工步图	实习件名称	螺　杆
	图　　号	5-1

工步号	工步内容	工艺装备
1	车端面,钻中心孔 B2.5/8,保证尺寸 140	45°车刀、0~150 mm 游标卡尺、钻夹头、B2.5 中心钻
2	车外圆 $\phi14$、$\phi13$、M16,倒角 1×45°	45°车刀、0~150 mm 游标卡尺、25~50 mm 外径千分尺
3	车螺纹 M16	60°螺纹刀、60°样板、螺纹环规

训练八 车圆弧面训练

根据车工实训基础练习工步图,图号为 1-4、3-4 和 3-5 所示,按要求加工该类零件。

要求:①掌握该零件的加工工艺,明确加工质量要求;②正确选择、调定转速和进给量;③学会使用成形车刀的安装;④掌握双手操纵车圆弧面的技能;⑤学会测量圆弧面和控制尺寸的方法。

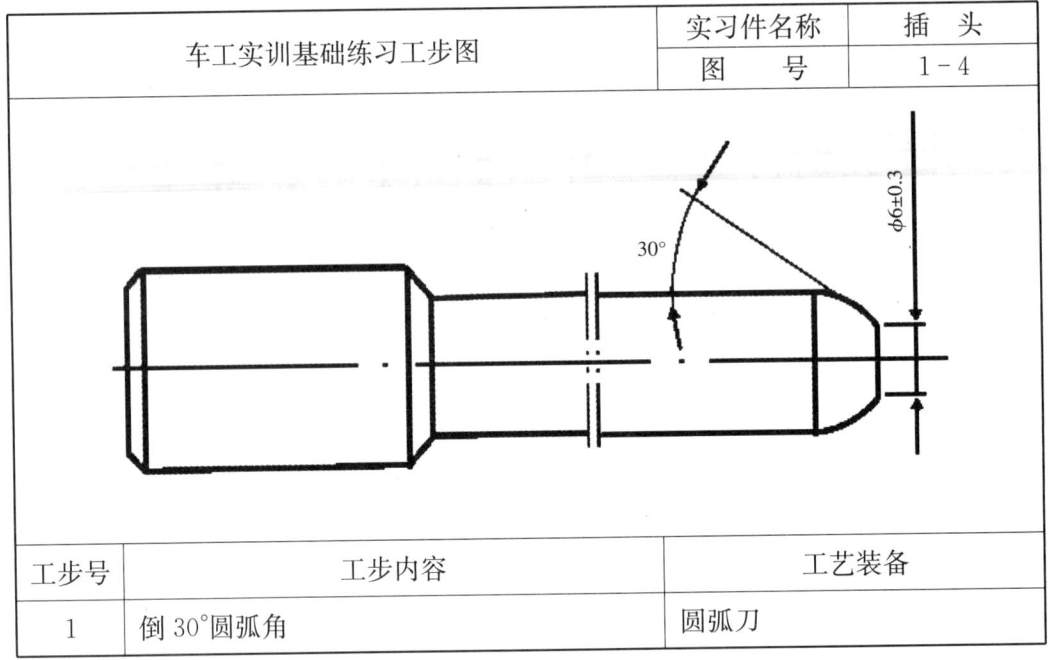

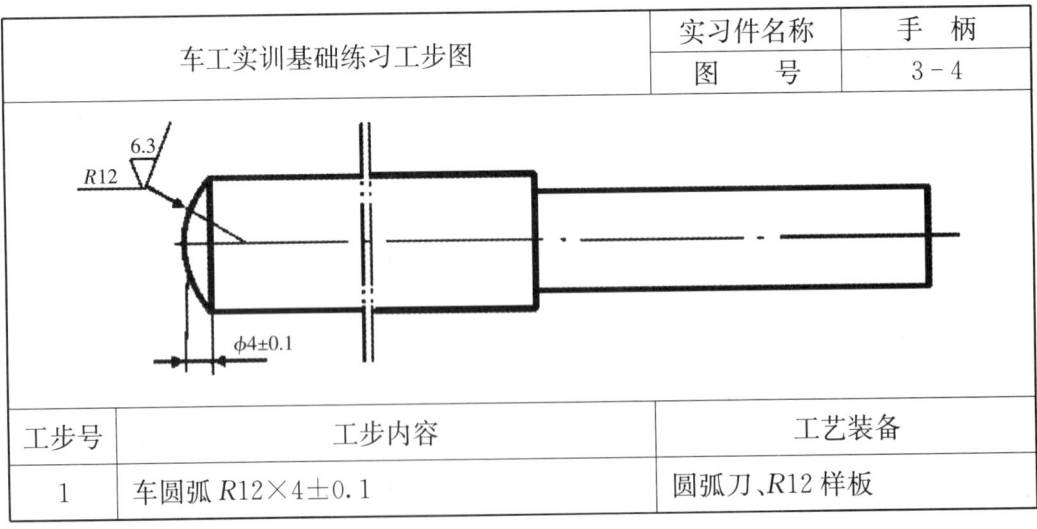

车工实训基础练习工步图		实习件名称	手 柄
		图　　号	3-5

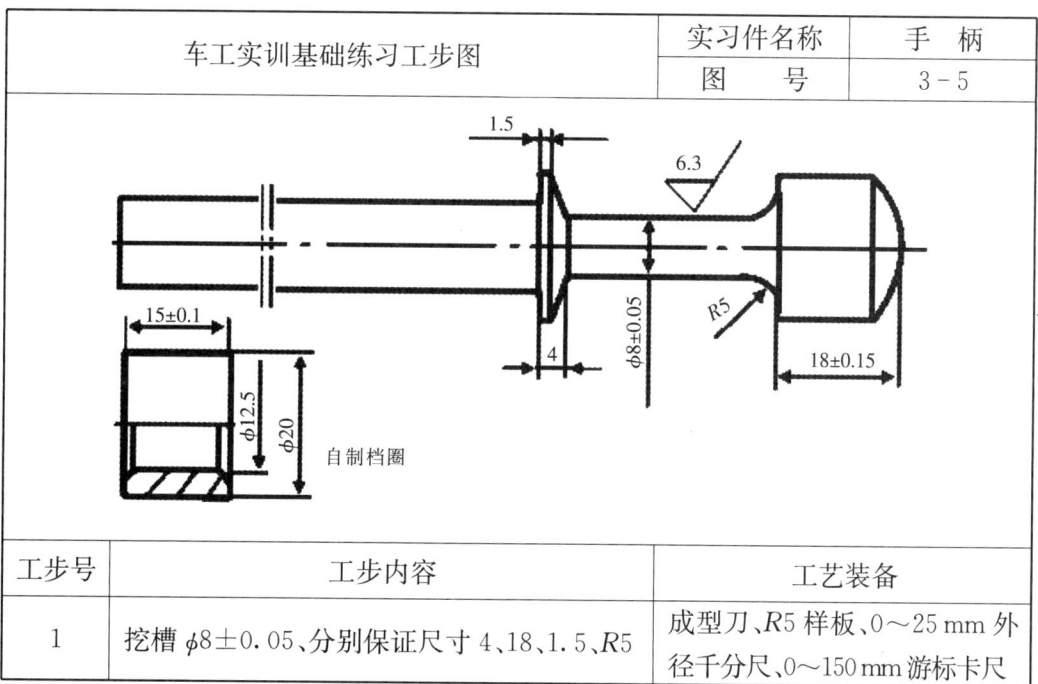

自制档圈

工步号	工步内容	工艺装备
1	挖槽 $\phi 8\pm 0.05$、分别保证尺寸 4、18、1.5、R5	成型刀、R5 样板、0～25 mm 外径千分尺、0～150 mm 游标卡尺

训练九 综合训练

1. 合理安排工艺；
2. 选用恰当的切削用量；
3. 选用合理刀具和正确安装刀具；
4. 会检测工件各部分尺寸。

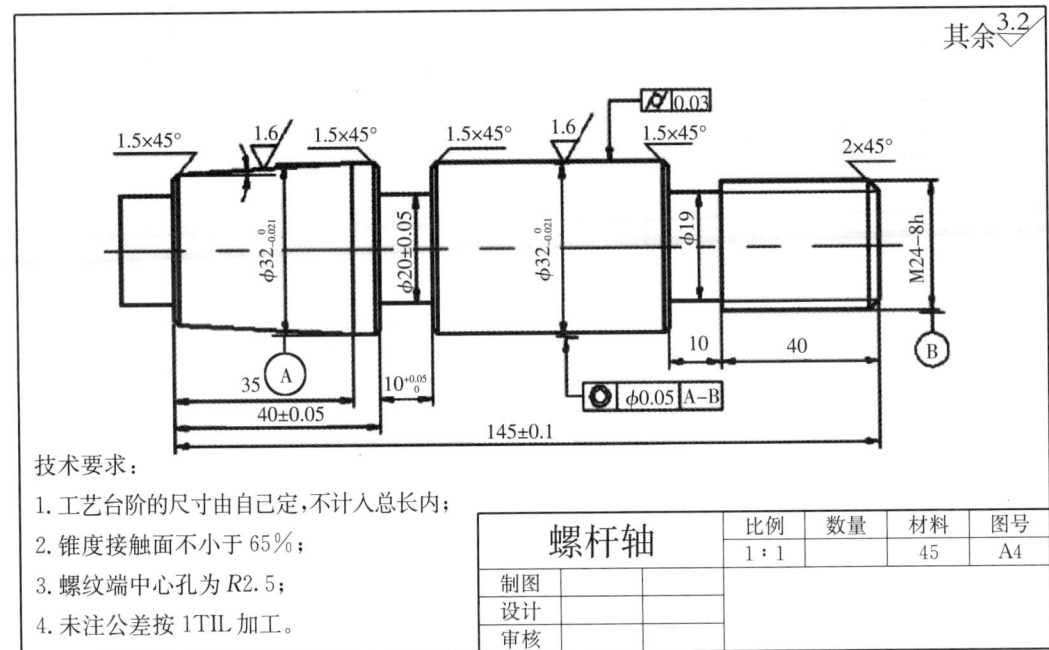

技术要求：
1. 工艺台阶的尺寸由自己定，不计入总长内；
2. 锥度接触面不小于65%；
3. 螺纹端中心孔为R2.5；
4. 未注公差按1TIL加工。

螺杆轴	比例	数量	材料	图号
	1:1		45	A4
制图				
设计				
审核				

附录三 车工理论基础练习参考题

（一）

一、单项选择

1. 偏心工件的加工原理,是把需要加工偏心部分的轴线校正到与车床主轴旋转轴线（　　）。
   A. 平行　　　　　B. 垂直　　　　　C. 重合　　　　　D. 不重合
2. 在三爪卡盘上车偏心工件,已知 $D=40$ mm,偏心距 $e=4$ mm,则试切削时垫片厚度为（　　）mm。
   A. 4　　　　　　B. 4.5　　　　　C. 6　　　　　　D. 8
3. 文明生产应该（　　）。
   A. 磨刀时应站在砂轮侧面　　　　　B. 短切屑可用手清除
   C. 量具放在顺手的位置　　　　　　D. 千分尺可当卡规使用
4. 车削细长轴时,要使用中心架和跟刀架来增加工件的（　　）。
   A. 刚性　　　　　B. 韧性　　　　　C. 强度　　　　　D. 硬度
5. "①选择比例和图幅。②布置图面,完成底稿。③检查底稿,标注尺寸和技术要求后描深图形。④填写标题栏"是绘制（　　）的步骤。
   A. 装配图　　　　B. 零件草图　　　C. 零件工作图　　D. 标准件图
6. 车刀左右两刃组成的平面,当车 ZN 蜗杆时,平面应与（　　）装刀。
   A. 轴线平行　　　B. 齿面垂直　　　C. 轴线倾斜　　　D. 轴线等高
7. 车多线螺纹采用轴向分线法时,应按（　　）分线。
   A. 导程　　　　　B. 线数　　　　　C. 螺距　　　　　D. 头数
8. 总余量是（　　）之和。
   A. 各工步余量　　　　　　　　　　B. 各工序余量
   C. 工序和工步余量　　　　　　　　D. 工序和加工余量
9. 法向直廓蜗杆在垂直于轴线的截面内齿形是（　　）。
   A. 延长渐开线　　　　　　　　　　B. 渐开线
   C. 螺旋线　　　　　　　　　　　　D. 阿基米德螺旋线
10. 封闭环的公差等于（　　）。
    A. 增环公差　　　　　　　　　　　B. 减环公差

  C. 各组成环公差之和   D. 增环公差减去减环公差

11. 车床上的照明灯电压不超过(　　)V。
  A. 12   B. 24   C. 36   D. 42

12. 磨削加工精度高,尺寸精度可达(　　)。
  A. IT4   B. IT5~IT6   C. IT8~IT9   D. IT12

13. 牛头刨床适宜于加工(　　)零件。
  A. 箱体类   B. 床身导轨
  C. 小型平面、沟槽   D. 机座类

14. 轴类零件用双中心孔定位,能消除(　　)个自由度。
  A. 3   B. 4   C. 5   D. 6

15. 减少加工余量,可缩短(　　)时间。
  A. 基本   B. 辅助   C. 准备   D. 结束

16. 手提式泡沫灭火器适于扑救(　　)。
  A. 油脂类石油产品   B. 木、棉、毛等物质
  C. 电路设备   D. 可燃气体

17. 镗削加工适宜于加工(　　)零件。
  A. 轴类   B. 套类   C. 箱体类   D. 机座类

18. 车阶梯槽法车削梯形螺纹,(　　)。
  A. 适于螺距较大的螺纹   B. 适于精车
  C. 螺纹牙形准确   D. 牙底平整

19. 物体三视图的投影规律是:俯左视图(　　)。
  A. 长对正   B. 高平齐   C. 宽相等   D. 左右对齐

20. 车削多线螺纹时(　　)。
  A. 应将一条螺旋槽车好后,再车另一条螺旋槽
  B. 应把各条螺旋槽先粗车好后,再分别精车
  C. 根据自己的经验,怎么车都行
  D. 精车多次循环分线时,小滑板要一个方向赶刀

21. 用2∶1的比例画10°斜角的楔块时,应将该角画成(　　)。
  A. 5°   B. 10°   C. 20°   D. 15°

22. 测量外螺纹中径精确的方法是(　　)。
  A. 三针测量   B. 螺纹千分尺   C. 螺纹量规   D. 游标卡尺

23. 同一表面有不同粗糙度要求时,须用(　　)分出界线,分别标出相应的尺寸和代号。
  A. 虚线   B. 点划线   C. 粗实线   D. 细实线

24. 推动PDCA循环关键在(　　)阶段。

A. P B. D C. C D. A

25. 车削细长轴时,为了减少径向切削力而引起细长轴的弯曲,车刀的主偏角应选为( )。
    A. 100°　　　B. 80°~93°　　　C. 60°~75°　　　D. 45°~60°

26. 端铣和周铣相比较,正确的说法是( )。
    A. 端铣加工多样性好　　　B. 周铣生产率较高
    C. 端铣加工质量较高　　　D. 大批量加工平面,多用周铣加工

27. 提高劳动生产率的目的是( )。
    A. 减轻工人劳动强度　　　B. 降低生产成本
    C. 提高产量　　　D. 减少机动时间

28. 表达机件的断面形状结构,最好使用( )图。
    A. 局部放大　　　B. 半剖视　　　C. 剖视　　　D. 剖面

29. 零件加工后的实际几何参数与理想几何参数的符合程度称为( )。
    A. 加工误差　　　B. 加工精度　　　C. 尺寸误差　　　D. 几何精度

30. 细长轴的主要特点是( )。
    A. 强度差　　　B. 刚性差　　　C. 弹性好　　　D. 稳定性差

31. 本身尺寸增大能使封闭环尺寸增大的组成环为( )。
    A. 增环　　　B. 减环　　　C. 封闭环　　　D. 组成环

32. 生产准备是指生产的( )准备工作。
    A. 技术　　　B. 物质　　　C. 物质、技术　　　D. 人员

33. 切削塑性较大的金属材料时形成( )切屑。
    A. 带状　　　B. 挤裂　　　C. 粒状　　　D. 崩碎

34. 用三个支承点对工件的平面进行定位,能消除其( )自由度。
    A. 3个平动　　　B. 3个转动
    C. 1个平动两个转动　　　D. 1个转动两个平动

35. 劳动生产率是指单位时间内所生产的( )数量。
    A. 合格品　　　B. 产品
    C. 合格品+废品　　　D. 合格品-废品

36. 沿两条或两条以上在( )等距分布的螺旋线所形成的螺纹称为多线螺纹。
    A. 轴向　　　B. 法向　　　C. 径向　　　D. 圆周

37. 车多线螺纹时,应按( )来计算挂轮。
    A. 螺距　　　B. 导程　　　C. 升角　　　D. 线数

38. 用百分表测得某偏心件最大与最小值的差为 4.12 mm,则实际偏心距为( )。
    A. 4.12　　　B. 8.24　　　C. 2.06　　　D. 2

39. 车床的开合螺母机构主要是用来( )。
    A. 防止过载　　　　　　　　　　B. 自动断开走刀运动
    C. 接通或断开车螺纹运动　　　　D. 自锁

40. 精车花盘的平面,属于减小误差的( )。
    A. 误差分组法　　　　　　　　　B. 误差平均法
    C. 就地加工法　　　　　　　　　D. 直接减小误差法

41. 如不用切削液,切削热的( )传入刀具。
    A. 50%～86%　　B. 10%～40%　　C. 3%～9%　　D. 1%

42. 零件的加工精度包括( )。
    A. 尺寸精度、几何形状精度和相互位置精度
    B. 尺寸精度
    C. 尺寸精度、形位精度和表面粗糙度
    D. 几何形状精度和相互位置精度

43. 零件加工后的实际几何参数与理想几何参数的( )称为加工精度。
    A. 误差大小　　B. 偏离程度　　C. 符合程度　　D. 差别

44. 下面( )方法对减少薄壁变形不起作用。
    A. 保持车刀锋利　　　　　　　　B. 使用切削液
    C. 使用弹性顶尖　　　　　　　　D. 使用轴向夹紧装置

45. CA6140型车床与C620型车床相比,CA6140型车床具有的特点是( )。
    A. 滑板箱操纵手柄多　　　　　　B. 尾座有快速夹紧机构
    C. 进给箱变速杆强度差　　　　　D. 主轴孔小

46. 调整中滑板丝杆与螺母之间的间隙实际上是通过增大两螺母之间的( )距离而实现的。
    A. 径向　　　　B. 轴向　　　　C. 上下　　　　D. 切向

47. 造成已加工表面粗糙的主要原因是( )。
    A. 前角小　　　B. 切削深度大　　C. 速度低　　　D. 积屑瘤

48. 车削直径为25 mm,长度为1 200 mm的细长轴,材料为45钢,车削时因受切削热影响,工件温度由21℃上升到61℃,45钢的线膨胀系数 $\alpha = 11.59 \times 10^{-6}$,则这根轴的伸长量为( )mm。
    A. 0.289　　　B. 0.848　　　C. 0.556　　　D. 0.014

49. CA6140车床钢带式制动器的作用是( )。
    A. 缩短辅助时间　　　　　　　　B. 刹车
    C. 提高生产效率　　　　　　　　D. 起保险作用

50. CA6140型车床主轴前支承处装有一个双列推力向心球轴承,主要用于承受( )。

A. 径向作用力　　　B. 右向轴向力　　　C. 左向轴向力　　　D. 左右轴向力

51. 曲轴的装夹就是解决（　　）的加工。
    A. 主轴颈　　　B. 曲柄颈　　　C. 曲柄臂　　　D. 曲柄偏心距

52. 互锁机构的作用是防止（　　）而损坏机床。
    A. 主轴正转、反转同时接通　　　　B. 纵、横进给同时接通
    C. 光杠、丝杠同时转动　　　　　　D. 丝杠传动和机动进给同时接通

53. 在C6140车床上，车精密螺纹，应将（　　）离合器接通。
    A. M3　　　B. M4　　　C. M5　　　D. M3、M4、M5

54. 螺纹升角一般是指螺纹（　　）处的升角。
    A. 大径　　　B. 中径　　　C. 小径　　　D. 顶径

55. 切削用量中对切削温度影响最大的是（　　）。
    A. 切削深度　　　B. 进给量　　　C. 切削速度　　　D. 影响相同

56. 深孔加工主要的关键技术是深孔钻的（　　）问题。
    A. 几何角度　　　　　　　　B. 几何形状和冷却排屑
    C. 钻杆刚性和冷却排屑　　　D. 冷却排屑

57. 刀具材料的硬度、耐磨性越高，韧性（　　）。
    A. 越差　　　B. 越好　　　C. 不变　　　D. 消失

58. 在机床上用以装夹工件的装置，称为（　　）。
    A. 车床夹具　　　B. 专用夹具　　　C. 机床夹具　　　D. 通用夹具

59. 零件的（　　）包括尺寸精度、几何形状精度和相互位置精度。
    A. 加工精度　　　B. 经济精度　　　C. 表面精度　　　D. 精度

60. 被加工表面回转轴线与基准面互相垂直，外形复杂的工件可装夹在（　　）上加工。
    A. 夹具　　　B. 角铁　　　C. 花盘　　　D. 三爪

61. 当（　　）时，可提高刀具寿命。
    A. 保持车刀锋利　　　B. 材料强度高　　　C. 高速切削　　　D. 前后角很大

62. 花盘可直接装夹在车床的（　　）上。
    A. 卡盘　　　B. 主轴　　　C. 尾座　　　D. 专用夹具

63. CA6140型卧式车床反转时的转速（　　）正转时的转速。
    A. 高于　　　B. 等于　　　C. 低于　　　D. 大于

64. 被加工表面回转轴线与基准面互相（　　），外形复杂的工件可装夹在花盘上加工。
    A. 垂直　　　B. 平行　　　C. 重合　　　D. 一致

65. 螺纹的顶径是指（　　）。
    A. 外螺纹大径　　　B. 外螺纹小径　　　C. 内螺纹大径　　　D. 内螺纹中径

66. 普通车床型号中的主要参数是用( )来表示的。
   A. 中心高的 1/10   B. 加工最大棒料直径
   C. 最大车削直径的 1/10   D. 床身上最大工件回转直径

67. 有时工件的数量并不多,但还是需要使用专用夹具,这是因为夹具能( )。
   A. 保证加工质量   B. 扩大机床的工艺范围
   C. 提高劳动生产率   D. 解决加工中的特殊困难

68. CA6140 型车床大滑板手轮与刻度盘是( )运动。
   A. 相反   B. 不同步   C. 同步   D. 不一定同步

69. 刃磨时对刀面的要求是( )。
   A. 刃口锋利   B. 刃口平直、表面粗糙度小
   C. 刀面平整、表面粗糙度小   D. 刃口平直、光洁

70. 四爪卡盘是( )夹具。
   A. 通用   B. 专用   C. 车床   D. 机床

71. 夹具中的( )装置能保证工件的正确位置。
   A. 平衡   B. 辅助   C. 夹紧   D. 定位

72. 在花盘上加工工件,车床主轴转速应选( )。
   A. 较低   B. 中速   C. 较高   D. 高速

73. 用硬质合金车刀加工时,为减轻加工硬化,不易取( )的进给量和切削深度。
   A. 过小   B. 过大   C. 中等   D. 较大

74. C620-1 型车床拖板箱内脱落蜗杆机构的作用主要是( )过载时起保护作用。
   A. 电动机   B. 自动走刀   C. 车螺纹   D. 车外圆

75. 加工中间切入的工件、主偏角一般选( )。
   A. 90°   B. 45°～60°   C. 0°   D. 负值

76. 消耗的功最大的切削力是( )。
   A. 主切削力 F_z B. 切深抗力 F_y
   C. 进给抗力 F_x D. 反作用力

77. ( )砂轮适于刃磨高速钢车刀。
   A. 碳化硼   B. 金刚石   C. 碳化硅   D. 氧化铝

78. 被加工表面回转轴线与基准面互相垂直,外形复杂的工件可装夹在( )上加工。
   A. 夹具   B. 角铁   C. 花盘   D. 三爪

79. 车削外径为 100mm,模数为 10mm 的模数螺纹,其轴向齿根槽宽( )mm。
   A. 6.97   B. 5   C. 15.7   D. 8.43

80. 在车床上自制 60°前顶尖,最大圆锥直径为 30 mm,则计算圆锥长度为( )mm。
   A. 26   B. 8.66   C. 17   D. 30

81. 普通车床型号中的主要参数是用( )来表示的。
   A. 中心高的 1/10
   B. 加工最大棒料直径
   C. 最大车削直径的 1/10
   D. 床身上最大工件回转直径

82. 工件以两孔一面定位,属于( )定位。
   A. 部分   B. 完全   C. 欠   D. 重复

83. 用三针法测量模数 $m=5$,外径为 80 公制蜗杆时,测得 M 值应为( )。
   A. 70   B. 92.125   C. 82.125   D. 80

84. CA6140 型车床主轴孔能通过的最大棒料直径是( )mm。
   A. 20   B. 37   C. 62   D. 48

85. CA6140 型车床在刀架上的最大工件回转直径是( )mm。
   A. 190   B. 210   C. 280   D. 200

86. 普通螺纹的牙顶应为( )形。
   A. 圆弧   B. 尖   C. 削平   D. 凹面

87. 磨削加工工件的旋转是( )运动。
   A. 工作   B. 磨削   C. 进给   D. 主

88. 螺纹底径是指( )。
   A. 外螺纹大径   B. 外螺纹小径   C. 外螺纹中径   D. 内螺纹小径

89. 梯形螺纹的( )是公称直径。
   A. 外螺纹大径   B. 外螺纹小径   C. 内螺纹大径   D. 内螺纹小径

90. CA6140 型车床能加工的最大工件直径是( )mm。
   A. 140   B. 200   C. 400   D. 500

91. 最易产生积屑瘤的切削速度是( )。
   A. 5 m/min 以下
   B. 15~30 m/min
   C. 70 m/min
   D. 100 m/min 以上

92. 工件以外圆为定位基面时,常用的定位元件为( )。
   A. V 形铁   B. 心轴   C. 可调支承   D. 支承钉

93. 用 450 r/min 的转速车削 Tr50×-12 内螺纹孔径时,切削速度为( )m/min。
   A. 70.7   B. 54   C. 450   D. 50

94. 对夹紧装置的基本要求中,"正"是指( )。
   A. 夹紧后,应保证工件在加工过程中的位置不发生变化
   B. 夹紧时,应不破坏工件的正确定位

C. 夹紧迅速

D. 结构简单

95. 刀具角度中对切削力影响最大的是（　　）。
   A. 前角　　　　B. 后角　　　　C. 主偏角　　　　D. 刃倾角

96. 车外圆时，车刀装低，（　　）。
   A. 前角变大　　B. 前、后角不变　　C. 后角变大　　D. 后角变小

97. （　　）时应选用较小后角。
   A. 工件材料软　B. 粗加工　　　　C. 高速钢车刀　　D. 半精加工

98. 已知米制梯形螺纹的公称直径为36 mm，螺距$P=6$ mm，则中径为（　　）mm。
   A. 30　　　　　B. 32.103　　　　C. 33　　　　　　D. 36

99. 被加工表面回转轴线与基准面互相（　　），外形复杂的工件可装夹在花盘上加工。
   A. 垂直　　　　B. 平行　　　　　C. 重合　　　　　D. 一致

100. 高速钢常用的牌号是（　　）。
   A. CrWMn　　　B. W18Cr4V　　　C. 9SiCr　　　　D. Cr12MoV

101. 加工两种或两种以上工件的同一夹具，称为（　　）。
   A. 组合夹具　　B. 专用夹具　　　C. 通用夹具　　　D. 车床夹具

102. 一台CA6140车床，$P_E=7.5$ kW，$\eta=0.8$，用YT5车刀将直径为60 mm的中碳钢毛坯在一次进给中车成直径为50 mm的半成品，若选进给量为0.25 mm/r，车床主轴转速为500 r/min，则切削功率为（　　）kW。
   A. 6　　　　　B. 1.96　　　　　C. 3.925　　　　D. 20.8

103. 车床主轴（　　）使车出的工件出现圆度误差。
   A. 径向跳动　　B. 轴向窜动　　　C. 摆动　　　　　D. 窜动

104. 多线螺纹在计算交换齿轮时，应以（　　）进行计算。
   A. 螺距　　　　B. 导程　　　　　C. 线数　　　　　D. 螺纹升角

105. 已知米制梯形螺纹的公称直径为40 mm，螺距$P=8$ mm，牙顶间隙$AC=0.5$ mm，则外螺纹牙高为（　　）mm。
   A. 4.33　　　　B. 3.5　　　　　C. 4.5　　　　　D. 4

106. 已知米制梯形螺纹的公称直径为36 mm，螺距$P=6$ mm，牙顶间隙$AC=0.5$ mm，则牙槽底宽为（　　）mm。
   A. 2.196　　　B. 1.928　　　　C. 0.268　　　　D. 3

107. 精车梯形螺纹时，为了便于左右车削，精车刀的刀头宽度应（　　）牙槽底宽。
   A. 小于　　　　B. 等于　　　　　C. 大于　　　　　D. 超过

108. 工件以小锥度心轴定位时,(　　)。
    A. 没有定位误差
    B. 有基准位移误差,没有基准不重合误差
    C. 没有基准位移误差,有基准不重合误差
    D. 有定位误差

109. CA6140型卧式车床的主轴反转有(　　)级转速。
    A. 21　　　　B. 24　　　　C. 12　　　　D. 30

110. 花盘可直接装夹在车床的(　　)上。
    A. 卡盘　　　B. 主轴　　　C. 尾座　　　D. 专用夹具

111. 专用夹具适用于(　　)。
    A. 新品试制　　　　　　　B. 单件小批生产
    C. 大批,大量生产　　　　D. 一般生产

112. 用硬质合金螺纹车刀高速车梯形螺纹时,刀尖角应为(　　)。
    A. 30°　　　B. 29°　　　C. 29°30′　　　D. 30°30′

113. 刀具两次重磨之间(　　)时间的总和称为刀具寿命。
    A. 使用　　　B. 机动　　　C. 纯切削　　　D. 工作

114. 用厚度较厚的螺纹样板测具有纵向前角的车刀的刀尖角时,样板应(　　)放置。
    A. 水平　　　　　　　　　B. 平行于车刀切削刃
    C. 平行工件轴线　　　　　D. 平行于车刀底平面

115. 数控车床适于(　　)生产。
    A. 大批量　　　　　　　　B. 成批
    C. 多品种、小批量　　　　D. 精度要求高的零件

116. 工件以底面为定位基面,放在散开的4个支承钉上定位,它属于(　　)定位。
    A. 部分　　　B. 完全　　　C. 重复　　　D. 欠

117. 在花盘上加工工件,车床主轴转速应选(　　)。
    A. 较低　　　B. 中速　　　C. 较高　　　D. 高速

118. 弹簧夹头和弹簧心轴是车床上常用的典型夹具,它能(　　)。
    A. 定心　　　　　　　　　B. 定心不能夹紧
    C. 夹紧　　　　　　　　　D. 定心又能夹紧

119. 粗车时,选择切削用量的顺序是(　　)。
    A. $a_p \rightarrow v \rightarrow F$　　B. $F \rightarrow a_p \rightarrow v$　　C. $v \rightarrow F \rightarrow a_p$　　D. $a_p \rightarrow F \rightarrow v$

120. 高速车螺纹时,一般选用(　　)法车削。
    A. 直进　　　B. 左右切削　　　C. 斜进　　　D. 车直槽

121. 车削主轴时,可使用( )支承,以增加工件刚性。
　　A. 中心架　　　B. 跟刀架　　　C. 过渡套　　　D. 弹性顶尖
122. 强力切削时应取( )。
　　A. 负刃倾角　　B. 正刃倾角　　C. 零刃倾角　　D. 大前角
123. 修磨麻花钻横刃的目的是( )。
　　A. 缩短横刃,降低钻削力　　　　B. 减小横刃处前角
　　C. 增大或减小横刃处前角　　　　D. 增加横刃强度
124. 被加工表面回转轴线与( )互相垂直,外形复杂的工件可装夹在花盘上加工。
　　A. 基准轴线　　B. 基准面　　　C. 底面　　　　D. 平面
125. 体现定位基准的表面称为( )。
　　A. 定位面　　　B. 定位基面　　C. 基准面　　　D. 夹具体
126. 普通麻花钻特点是( )。
　　A. 棱边磨损小　B. 易冷却　　　C. 横刃长　　　D. 前角无变化
127. 四爪卡盘是( )夹具。
　　A. 通用　　　　B. 专用　　　　C. 车床　　　　D. 机床
128. CA6140型卧式车床主轴箱Ⅲ到Ⅴ轴之间的传动比实际上有( )种。
　　A. 4　　　　　B. 6　　　　　C. 3　　　　　D. 5
129. CA6140型卧式车床的主轴正转有( )级转速。
　　A. 21　　　　 B. 24　　　　 C. 12　　　　 D. 30
130. 被加工表面回转轴线与( )互相垂直,外形复杂的工件可装夹在花盘上加工。
　　A. 基准轴线　　B. 基准面　　　C. 底面　　　　D. 平面
131. 精车时,磨损量=VB( )mm。
　　A. 0.6～0.8　 B. 0.8～1.2　 C. 0.1～0.3　 D. 0.3～0.5
132. 在高温下能够保持刀具材料切削性能的是( )。
　　A. 硬度　　　　B. 耐热性　　　C. 耐磨性　　　D. 强度
133. 夹紧元件对工件施加夹紧力的大小应( )。
　　A. 大　　　　　B. 适当　　　　C. 小　　　　　D. 任意
134. 使用硬质合金可转位刀具,必须注意( )。
　　A. 刀片夹紧不需用力很大　　　　B. 刀片要用力夹紧
　　C. 选择合理的刀具角度　　　　　D. 选择较大的切削用量
135. 在花盘角铁上加工工件时,转速如果太高,就会因( )的影响,使工件飞出,而发生事故。
　　A. 切削力　　　B. 离心力　　　C. 夹紧力　　　D. 转矩

136. 被加工表面回转轴线与基准面互相平行,外形复杂的工件可装夹在(　　)上加工。
    A. 夹具　　　　B. 角铁　　　　C. 花盘　　　　D. 三爪

137. 刀具材料的硬度越高,耐磨性(　　)。
    A. 越差　　　　B. 越好　　　　C. 不变　　　　D. 消失

138. 车刀切削部分材料的硬度不能低于(　　)。
    A. HRC90　　　B. HRC70　　　C. HRC60　　　D. HB230

139. 被加工表面回转轴线与基准面互相平行,外形复杂的工件可装夹在(　　)上加工。
    A. 夹具　　　　B. 角铁　　　　C. 花盘　　　　D. 三爪

140. 在机床上用以装夹工件的装置,称为(　　)。
    A. 车床夹具　　B. 专用夹具　　C. 机床夹具　　D. 通用夹具

141. (　　)越好,允许的切削速度越高。
    A. 韧性　　　　B. 强度　　　　C. 耐磨性　　　D. 红硬性

142. (　　)硬质合金适于加工短切屑的黑色金属、有色金属及非金属材料。
    A. P类　　　　B. K类　　　　C. M类　　　　D. 以上均可

143. (　　)时应选用较小前角。
    A. 车铸铁件　　B. 精加工　　　C. 车45钢　　　D. 车铝合金

144. 有时工件的数量并不多,但还是需要使用专用夹具,这是因为夹具能(　　)。
    A. 保证加工质量　　　　　　　B. 扩大机床的工艺范围
    C. 提高劳动生产率　　　　　　D. 解决加工中的特殊困难

145. 在工厂机床种类不齐全的情况下使用夹具,是因为夹具能(　　)。
    A. 保证加工质量　　　　　　　B. 扩大机床的工艺范围
    C. 提高劳动生产率　　　　　　D. 解决加工中的特殊困难

146. 高速钢车刀的(　　)较差,因此不能用于高速切削。
    A. 强度　　　　B. 硬度　　　　C. 耐热性　　　D. 工艺性

147. 采用夹具后,工件上有关表面的(　　)由夹具保证。
    A. 表面粗糙度　B. 几何要素　　C. 大轮廓尺寸　D. 位置精度

148. 硬质合金的耐热温度为(　　)℃。
    A. 300～400　　B. 500～600　　C. 800～1 000　D. 1 100～1 300

149. (　　)硬质合金车刀适于加工钢料或其他韧性较大的塑性材料。
    A. M类　　　　B. K类　　　　C. P类　　　　D. H类

150. 采用夹具后,工件上有关表面的(　　)由夹具保证。
    A. 位置精度　　B. 形状精度　　C. 大轮廓尺寸　D. 表面粗糙度

151. 当 $K_\gamma=$（　　）时，$a_w=a_p$。
    A. $K_\gamma=45°$　　B. $K_\gamma=75°$　　C. $K_\gamma=90°$　　D. $K_r=80°$
152. 加工塑性金属材料应选用（　　）硬质合金。
    A. P 类　　B. K 类　　C. M 类　　D. 以上均可
153. 用中等速度和中等进给量切削中碳钢工件时，刀具磨损形式是（　　）磨损。
    A. 前刀面　　B. 后刀面　　C. 前、后刀面　　D. 切削平面

二、判断题

154.（　）内孔与外圆偏心的零件叫作偏心轴。
155.（　）砂轮的硬度越大，表示磨粒愈不易脱落。
156.（　）车床的开车手柄是操纵机构。
157.（　）劳动生产率是指单位时间内所生产的合格品数量，或者用于生产单位合格品所需的劳动时间。
158.（　）被加工表面回转轴线与基准面互相垂直，外形规则的工件可装夹在花盘上加工。
159.（　）机械伤害事故的种类主要有 4 种，即刺割伤、打砸伤和烫伤。
160.（　）外螺纹的规定画法是牙顶（大径）及螺纹终止线用粗实线表示。
161.（　）粗加工应在功率大、精度低、刚性好的机床上进行。
162.（　）在切削平面上测量的角度是刃倾角。
163.（　）由于枪孔钻的刀尖偏一边，刀头刚进入工件时，刀杆会产生扭动，因此必须使用导向套。
164.（　）标注形位公差时，如果其箭头与尺寸线对齐，则被测要素是中心要素。
165.（　）退火工序一般安排在粗加工之后。
166.（　）车蜗杆时一定会乱扣。
167.（　）主轴的正转、反转是由变向机构控制的。
168.（　）变速机构用来改变主动轴与从动轴之间的传动比。
169.（　）重物起落速度要均匀，非特殊情况下不得紧急制动和急速下降。
170.（　）组合夹具一次投资大，一般只用于大量生产。
171.（　）在外圆磨床上，工件一般用两顶尖安装，很少用卡盘安装。
172.（　）生产管理工作的内容可归纳为以下三个方面：①生产准备和生产组织工作；②生产计划工作；③生产控制。
173.（　）安置在机座外的齿轮传动装置，不论其安置地点和位置如何适当，都必须安装防护罩。
174.（　）定位是使工件被加工表面处于正确的加工位置。
175.（　）工时定额是工人生产单位产品所需要的时间。

176. (　　)光整加工是在半精加工基础上进行。
177. (　　)操作者对自用设备的使用要达到会使用、会保养、会检查、会排除故障。
178. (　　)多线蜗杆一般用齿厚卡尺测量法向齿厚,用单针测量分度圆上的齿槽宽度。
179. (　　)相邻两牙螺纹在中径线上的距离叫螺距。
180. (　　)用厚度较厚的螺纹样板测具有纵向前角的车刀的刀尖角时,样板应平行于车刀切削刃放置。
181. (　　)期量标准反映合理组织生产活动,在时间上和数量上必须保持的联系和比例关系,是编制生产作业计划的重要依据。
182. (　　)欠定位绝对不允许在生产中使用。
183. (　　)使用机械可转位车刀,可减少辅助时间。
184. (　　)多片式摩擦离合器的内外摩擦片在松开状态时的间隙太大,易产生闷车现象。
185. (　　)立式车床适于加工径向尺寸小,轴向尺寸大的大型、重型零件。
186. (　　)图样上的锥度应根据给定尺寸作出,作图时首先要在圆锥轴线上根据锥度比作出直角三角形。
187. (　　)具有纵向前角的螺纹车刀,车出来的螺纹牙侧是曲线,不是直线。
188. (　　)机床的主参数用主轴直径表示,位于组、系代号之后。
189. (　　)使用硬质合金可转位刀具,可节省磨刀、换刀等辅助时间。
190. (　　)被加工表面回转轴线与基准面互相平行,外形复杂的工件可装夹在角铁上加工。
191. (　　)采用定程法进行加工时,由于影响加工精度的因素较多,所以应经常抽验工件并及时进行调整,防止成批报废工件。
192. (　　)生产过程包括基本生产过程、辅助生产过程和生产服务过程三部分。
193. (　　)在花盘角铁上加工工件,采用低速车削,可不配平衡块。

（二）

一、单项选择

1. 标注表面粗糙度时,代号的尖端不应(　　)。
   A. 从材料内指向该表面可见轮廓
   B. 从材料外指向该表面可见轮廓
   C. 从材料外指向尺寸线
   D. 从材料外指向尺寸界线或引出线上

2. 车床操作过程中,(　　)。
   A. 搬工件应戴手套　　　　　　　　B. 不准用手清屑
   C. 短时间离开不用切断电源　　　　D. 卡盘停不稳可用手扶住

3. CA6140型车床与C620型车床相比,CA6140型车床具有下列特点(　　)。
   A. 进给箱变速杆强度差　　　　　　B. 主轴孔小
   C. 滑板箱操纵手柄多　　　　　　　D. 滑板箱有快速移动机构

4. PDCA循环中的P、D、C、A分别代表(　　)。
   A. 计划、组织、指挥、协调　　　　B. 计划、组织、指挥、控制
   C. 计划、实施、检查、处理　　　　D. 计划、组织、检查、控制

5. 车削多线螺纹用分度盘分线时,仅与螺纹(　　)有关,与其他参数无关。
   A. 中径　　　　B. 模数　　　　C. 线数　　　　D. 小径

6. 零件加工后的实际几何参数与理想几何参数的符合程度称为(　　)。
   A. 加工误差　　B. 加工精度　　C. 尺寸误差　　D. 几何精度

7. 物体三视图的投影规律是(　　)。
   A. 长对正　　　B. 高平齐　　　C. 宽相等　　　D. 左右对齐

8. 镗削加工适宜于加工(　　)零件。
   A. 轴类　　　　B. 套类　　　　C. 箱体类　　　D. 机座类

9. (　　)机构用来改变离合器和滑移齿轮的啮合位置,实现主运动和进给运动的启动、停止、变速、变向等动作。
   A. 制动　　　　B. 变向　　　　C. 操纵　　　　D. 变速

10. 采用一夹一顶安装阶台轴工件(夹持部分短),中间部位用中心架支承,这种定位属于(　　)定位。
    A. 重复　　　　B. 完全　　　　C. 欠　　　　　D. 部分

11. 单个圆柱齿轮的画法是在垂直于齿轮轴线方向的视图上不必剖开,而将(　　)用细点划线绘制。
    A. 齿根圆　　　B. 分度圆　　　C. 齿顶圆　　　D. 基圆

12. 在视图表示球体形状时,只需在尺寸标注时,注有（　　）符号,用一个视图就足以表达清晰。
    A. R   B. ϕ C. $S\phi$ D. 0

13. 弹簧夹头是车床上常用的典型夹具,它能（　　）。
    A. 定心   B. 定心又能夹紧
    C. 定心不能夹紧   D. 夹紧

14. 在外圆磨床上磨削工件,用两顶尖装夹时,顶尖一般为（　　）。
    A. 死顶尖   B. 活顶尖
    C. 弹性顶尖   D. 端面拨动顶尖

15. 车床操作过程中,（　　）。
    A. 短时间离开不用切断电源   B. 离开时间短不用停车
    C. 卡盘扳手应随手取下   D. 卡盘停不稳可用手扶住

16. 车削细长轴工件时,跟刀架的支承爪压得过紧时,会使工件产生（　　）。
    A. 竹节形   B. 锥形   C. 鞍形   D. 鼓形

17. 本身尺寸增大使封闭环尺寸减小的组成环为（　　）。
    A. 增环   B. 减环   C. 封闭环   D. 组成环

18. 铣削加工时（　　）是主运动。
    A. 铣刀旋转   B. 铣刀移动 C. 工件移动 D. 工件进给

19. 工件以圆柱孔为定位基面时,常用的定位元件为定位销和（　　）。
    A. 心轴   B. 支承板   C. 可调支承 D. 支承钉

20. 机动时间分别与切削用量及加工余量成（　　）。
    A. 正比；反比 B. 正比；正比 C. 反比；正比 D. 反比；反比

21. 立式车床结构上主要特点是主轴（　　）布置,工作台台面（　　）布置。
    A. 垂直、水平 B. 水平、垂直 C. 垂直、垂直 D. 水平、水平

22. 劳动生产率是指用于生产（　　）所需的劳动时间。
    A. 合格品   B. 所有产品
    C. 单位合格品   D. 合格品－废品

23. 严格执行操作规程,禁止超压,超负荷使用设备,这一内容属于"三好"中的（　　）。
    A. 管好   B. 用好   C. 修好   D. 管好,用好

24. 计算 Tr40×12(P6)螺纹牙形各部分尺寸时,应以（　　）代入计算。
    A. 螺距   B. 导程   C. 线数   D. 中径

25. 零件加工后的实际几何参数与理想几何参数的（　　）称为加工精度。
    A. 误差大小   B. 偏离程度   C. 符合程度 D. 差别

26. （　　）是企业生产管理的依据。

A. 生产计划　　　　B. 生产作业计划　　　C. 班组管理　　　　D. 生产组织

27. 成形车刀的前角取(　　)。
   A. 较大　　　　　B. 较小　　　　　　C. 0°　　　　　　D. 20°

28. 一般用硬质合金粗车铸铁时,磨损量VB=(　　)mm。
   A. 0.6～0.8　　　B. 0.8～1.2　　　　C. 0.1～0.3　　　D. 0.3～0.5

29. 工件的六个自由度全部被限制,它在夹具中只有唯一的位置,属于(　　)定位。
   A. 部分　　　　　B. 完全　　　　　　C. 欠　　　　　　D. 重复

30. 互锁机构的作用是防止(　　)而损坏机床。
   A. 纵、横进给同时接通　　　　　　B. 丝杠传动和机动进给同时接通
   C. 光杠、丝杠同时转动　　　　　　D. 主轴正转、反转同时接通

31. 已知线段是(　　)。
   A. 有定形尺寸与定位尺寸齐全　　　B. 有定形尺寸,定位尺寸不全
   C. 只有定形尺寸而无定位尺寸　　　D. 需用圆弧连接方法作出的线段

32. 车床主轴(　　)使车出的工件出现圆度误差。
   A. 径向跳动　　　B. 轴向窜动　　　　C. 摆动　　　　　D. 窜动

33. 退刀槽和越程槽的尺寸标注可标注成(　　)。
   A. 直径×槽深　　B. 槽深×直径　　　C. 槽深×槽宽　　D. 槽宽×槽深

34. 封闭环的尺寸等于(　　)。
   A. 增环尺寸　　　　　　　　　　　　B. 减环尺寸
   C. 各组成环尺寸的代数和　　　　　　D. 增环尺寸减去减环尺寸

35. 在C6140车床上车精密螺纹,应将(　　)离合器接通。
   A. M3　　　　　　B. M4　　　　　　　C. M5　　　　　　D. M3、M4、M5

36. 普通车床型号中的主要参数是用(　　)来表示的。
   A. 中心高的1/10　　　　　　　　　　B. 加工最大棒料直径
   C. 最大车削直径的1/10　　　　　　　D. 床身上最大工件回转直径

37. 用1:2的比例画30°斜角的楔块时,应将该角画成(　　)。
   A. 15°　　　　　B. 30°　　　　　　C. 60°　　　　　　D. 45°

38. 在切削金属材料时,属于正常磨损中最常见的情况是(　　)磨损。
   A. 急剧　　　　　B. 前刀面　　　　　C. 后刀面　　　　D. 前、后刀面

39. 零件的(　　)包括尺寸精度、几何形状精度和相互位置精度。
   A. 加工精度　　　B. 经济精度　　　　C. 表面精度　　　D. 精度

40. 花盘可直接装夹在车床的(　　)上。
   A. 卡盘　　　　　B. 主轴　　　　　　C. 尾座　　　　　D. 专用夹具

41. 被加工表面回转轴线与(　　)互相平行,外形复杂的工件可装夹在花盘上加

工。
A. 基准轴线　　　B. 基准面　　　　C. 底面　　　　　D. 平面

42. 生产准备中所进行的工艺选优,编制和修改工艺文件,设计补充制造工艺装备等属于(　　)。
A. 工艺技术准备　　　　　　　　B. 人力的准备
C. 物料、能源准备　　　　　　　D. 设备完好准备

43. 刃倾角 λs 为正值时,使切屑流向(　　)。
A. 加工表面　　　B. 已加工表面　　C. 待加工表面　　D. 切削平面

44. (　　)是产生振动的重要因素。
A. 主切削力 F_z　B. 切深抗力 F_y　C. 进给抗力 F_x　D. 反作用力 F

45. CA6140 型车床能加工的最大工件直径是(　　)mm。
A. 140　　　　　B. 200　　　　　C. 400　　　　　D. 500

46. 当主、副切削刃为直线,且 $\lambda s=0°, K_\gamma'=0°, K_\gamma<90°$,则切削层横截面为(　　)。
A. 平行四边形　　B. 矩形　　　　　C. 正方形　　　　D. 长方形

47. 花盘,角铁的定位基准面的形位公差,要小于工件形位公差的(　　)。
A. 2 倍　　　　　B. 1/5　　　　　C. 1/3　　　　　D. 1/2

48. 零件的加工精度包括(　　)。
A. 尺寸精度、几何形状精度和相互位置精度
B. 尺寸精度
C. 尺寸精度、形位精度和表面粗糙度
D. 几何形状精度和相互位置精度

49. CA6140 型车床滑板箱中没有的离合器是(　　)离合器。
A. 摩擦片式　　　B. 超越　　　　　C. 安全　　　　　D. 牙嵌式

50. 组合夹具元件、部件多,一次投资大,适于(　　)生产。
A. 单件、小批　　B. 大量　　　　　C. 成批　　　　　D. 大批量

51. 中滑板丝杆螺母之间的间隙,调整后,要求中滑板丝杆手柄转动灵活,正反转时的空行程在(　　)转以内。
A. 1/2　　　　　B. 1/5　　　　　C. 1/10　　　　　D. 1/20

52. 减少薄壁变形的方法是使用(　　)。
A. 弹性顶尖　　　　　　　　　　B. 中心架
C. 分粗、精车　　　　　　　　　D. 径向夹紧装置

53. 在两顶尖之间测量偏心距时,百分表测得的数值为(　　)。
A. 偏心距的一半　　　　　　　　B. 两偏心圆直径之差
C. 偏心距　　　　　　　　　　　D. 两倍偏心距

54. 左右切削法车削螺纹,(　　)。
    A. 适于螺距较大的螺纹　　　　　　B. 易扎刀
    C. 螺纹牙形准确　　　　　　　　　D. 牙底平整

55. 如不用切削液,切削热的(　　)传入工件。
    A. 50%～86%　　B. 10%～40%　　C. 3%～9%　　D. 1%

56. 套类工件的长孔装在心轴上,属于(　　)定位。
    A. 完全　　　　B. 部分　　　　C. 欠　　　　D. 重复

57. 对夹紧装置的基本要求中,"牢"是指(　　)。
    A. 夹紧后,应保证工件在加工过程中的位置不发生变化
    B. 夹紧时,应不破坏工件的正确定位
    C. 夹紧迅速
    D. 结构简单

58. 在车床上自制 60°前顶尖,最大圆锥直径为 30 mm,则计算圆锥长度为(　　)mm。
    A. 26　　　　B. 8.66　　　　C. 17　　　　D. 30

59. 采用夹具后,工件上有关表面的(　　)由夹具保证。
    A. 位置精度　　B. 形状精度　　C. 大轮廓尺寸　　D. 表面粗糙度

60. CA6140 型车床,当进给抗力过大、刀架运动受到阻碍时,能自动停止进给运动的机构是(　　)。
    A. 安全离合器　　B. 超越离合器　　C. 互锁机构　　D. 开合螺母

61. 外圆与内孔偏心的零件,叫(　　)。
    A. 偏心套　　B. 偏心轴　　C. 偏心　　D. 不同轴件

62. CA6140 型车床主轴孔能通过的最大棒料直径是(　　)mm。
    A. 20　　　　B. 37　　　　C. 62　　　　D. 48

63. 当工件材料软,塑性大,应用(　　)砂轮。
    A. 粗粒度　　B. 细粒度　　C. 硬粒度　　D. 软粒度

64. 车刀左右两刃组成的平面,当车 ZN 蜗杆时,平面应与(　　)装刀。
    A. 轴线平行　　B. 齿面垂直　　C. 轴线倾斜　　D. 轴线等高

65. 车削外径 100 mm,模数为 8 mm 的公制蜗杆,其轴向齿厚为(　　)mm。
    A. 8　　　　B. 4　　　　C. 9.6　　　　D. 12.56

66. CA6140 型车床主轴孔能通过的最大棒料直径是(　　)mm。
    A. 20　　　　B. 37　　　　C. 62　　　　D. 48

67. (　　)定位在加工过程中是不允许出现的。
    A. 部分　　B. 完全　　C. 欠　　D. 重复

68. 加工曲轴采用低速精车,以免(　　)的作用,使工件产生位移。

A. 径向力　　　B. 重力　　　C. 切削力　　　D. 离心力

69. 变速机构可在主动轴转速（　　）时,使从动轴获得不同的转速。
    A. 由小变大　　B. 改变　　　C. 不改变　　　D. 由大变小

70. 加工两种或两种以上工件的同一夹具,称为（　　）。
    A. 组合夹具　　B. 专用夹具　　C. 通用夹具　　D. 车床夹具

71. 车削细长轴时,使用弹性顶尖是为了解决工件（　　）。
    A. 加工精度　　B. 热变形伸长　　C. 刚性　　　D. 振动

72. 已知米制梯形螺纹的公称直径为 36 mm,螺距 $P=6$ mm,牙顶间隙 $AC=0.5$ mm,则牙槽底宽为（　　）mm。
    A. 2.196　　　B. 1.928　　　C. 0.268　　　D. 3

73. 螺纹底径是指（　　）。
    A. 外螺纹大径　B. 外螺纹小径　C. 外螺纹中径　D. 内螺纹小径

74. 沿两条或两条以上在（　　）等距分布的螺旋线所形成的螺纹称为多线螺纹。
    A. 径向　　　B. 法向　　　C. 轴向　　　D. 圆周

75. 四爪卡盘是（　　）夹具。
    A. 通用　　　B. 专用　　　C. 车床　　　D. 机床

76. 用厚度较厚的螺纹样板测具有纵向前角的车刀的刀尖角时,样板应（　　）放置。
    A. 平行工件轴线　　　　　　B. 平行于车刀底平面
    C. 水平　　　　　　　　　　D. 平行于车刀切削刃

77. 普通螺纹的牙顶应为（　　）形。
    A. 圆弧　　　B. 尖　　　　C. 削平　　　D. 凹面

78. 夹紧元件施力方向尽量与（　　）方向一致,使小夹紧力起大夹紧力的作用。
    A. 工件重力　　B. 切削力　　C. 反作用力　　D. 进深抗力

79. 螺纹的顶径是指（　　）。
    A. 外螺纹大径　B. 外螺纹小径　C. 内螺纹大径　D. 内螺纹中径

80. 车细长轴时,车刀的前角应选择（　　）。
    A. $-5°\sim1°$　B. $2°\sim10°$　C. $10°\sim15°$　D. $15°\sim30°$

81. （　　）硬质合金适于加工短切屑的黑色金属、有色金属及非金属材料。
    A. P 类　　　B. K 类　　　C. M 类　　　D. 以上均可

82. 在机床上用以装夹工件的装置,称为（　　）。
    A. 车床夹具　　B. 专用夹具　　C. 机床夹具　　D. 通用夹具

83. CA6140 型车床在刀架上的最大工件回转直径是（　　）mm。
    A. 190　　　　B. 210　　　　C. 280　　　　D. 200

84. 用三针法测量 Tr30×10 螺纹的中径,测得 M 值应为（　　）mm。

A. 36.535　　　　B. 31.535　　　　C. 25　　　　　　D. 30

85. 被加工表面回转轴线与基准面互相（　　），外形复杂的工件可装夹在花盘上加工。
    A. 垂直　　　　B. 平行　　　　C. 重合　　　　D. 一致

86. 在用大平面定位时，把定位平面做成（　　）以提高工件定位的稳定性。
    A. 中凹　　　　B. 中凸　　　　C. 刚性　　　　D. 网纹面

87. 加工数量多，偏心距精度要求较高的工件，可用（　　）来装夹。
    A. 两顶尖　　　B. 偏心套　　　C. 四爪卡盘　　D. 专用夹具

88. 梯形螺纹的（　　）是公称直径。
    A. 外螺纹大径　B. 外螺纹小径　C. 内螺纹大径　D. 内螺纹小径

89. 刀尖圆弧半径增大，使切深抗力 F_y（　　）。
    A. 无变化　　　B. 有所增加　　C. 增加较多　　D. 增加很多

90. 车刀的进给方向是由（　　）机构控制的。
    A. 操纵　　　　B. 变速　　　　C. 进给　　　　D. 变向

91. 体现定位基准的表面称为（　　）。
    A. 定位面　　　B. 定位基面　　C. 基准面　　　D. 夹具体

92. 已知米制梯形螺纹的公称直径为 40 mm，螺距 $P=8$ mm，牙顶间隙 $AC=0.5$ mm，则外螺纹牙高为（　　）mm。
    A. 4.33　　　　B. 3.5　　　　　C. 4.5　　　　　D. 4

93. CA6140 型车床能加工的最大工件直径是（　　）mm。
    A. 140　　　　　B. 200　　　　　C. 400　　　　　D. 500

94. 多片式摩擦离合器的内外摩擦片在松开状态时的间隙太大，易产生（　　）现象。
    A. 停不住车　　　　　　　　　　B. 开车手柄提不到位
    C. 掉车　　　　　　　　　　　　D. 闷车

95. 普通车床型号中的主要参数是用（　　）来表示的。
    A. 中心高的 1/10　　　　　　　B. 加工最大棒料直径
    C. 最大车削直径的 1/10　　　　D. 床身上最大工件回转直径

96. 在花盘上加工工件，车床主轴转速应选（　　）。
    A. 较低　　　　B. 中速　　　　C. 较高　　　　D. 高速

97. CA6140 型车床在刀架上的最大工件回转直径是（　　）mm。
    A. 190　　　　　B. 210　　　　　C. 280　　　　　D. 200

98. CA6140 型卧式车床反转时的转速（　　）正转时的转速。
    A. 高于　　　　B. 等于　　　　C. 低于　　　　D. 大于

99. CA6140 型卧式车床主轴箱Ⅲ到Ⅴ轴之间的传动比实际上有（　　）种。

A. 4   B. 6   C. 3   D. 5

100. 专用夹具适用于(　　)。
   A. 新品试制   B. 单件小批生产
   C. 大批,大量生产   D. 一般生产

101. 四爪卡盘是(　　)夹具。
   A. 通用   B. 专用   C. 车床   D. 机床

102. CA6140 型卧式车床的主轴反转有(　　)级转速。
   A. 21   B. 24   C. 12   D. 30

103. 加工两种或两种以上工件的同一夹具,称为(　　)。
   A. 组合夹具   B. 专用夹具   C. 通用夹具   D. 车床夹具

104. 被加工表面回转轴线与(　　)互相垂直,外形复杂的工件可装夹在花盘上加工。
   A. 基准轴线   B. 基准面   C. 底面   D. 平面

105. 扩孔时,应修磨麻花钻(　　)。
   A. 棱边   B. 顶角   C. 横刃处前角   D. 边缘处前角

106. 车右螺纹时因受螺旋运动的影响,车刀左刃后角减少,右刃后角(　　)。
   A. 不变   B. 增大   C. 减小   D. 相等

107. 普通麻花钻靠外缘处前角为(　　)。
   A. $-54°$ B. $0°$ C. $30°$ D. $45°$

108. 深孔加工主要的关键技术是深孔钻的(　　)问题。
   A. 几何角度   B. 几何形状和冷却排屑
   C. 钻杆刚性和冷却排屑   D. 冷却排屑

109. CA6140 型卧式车床的主轴正转有(　　)级转速。
   A. 21   B. 24   C. 12   D. 30

110. 车刀装歪,对(　　)影响较大。
   A. 车螺纹   B. 车外圆   C. 前角   D. 后角

111. 被加工表面回转轴线与基准面互相(　　),外形复杂的工件可装夹在花盘上加工。
   A. 垂直   B. 平行   C. 重合   D. 一致

112. 在花盘上加工工件,车床主轴转速应选(　　)。
   A. 较低   B. 中速   C. 较高   D. 高速

113. 用 450 r/min 的转速车削 Tr50×—12 内螺纹孔径时,切削速度为(　　)m/min。
   A. 70.7   B. 54   C. 450   D. 50

114. 被加工表面回转轴线与基准面互相垂直,外形复杂的工件可装夹在(　　)

上加工。

  A. 夹具   B. 角铁   C. 花盘   D. 三爪

115. 在高温下能够保持刀具材料切削性能的是( )。

  A. 硬度   B. 耐热性   C. 耐磨性   D. 强度

116. 花盘可直接装夹在车床的( )上。

  A. 卡盘   B. 主轴   C. 尾座   D. 专用夹具

117. 被加工表面回转轴线与( )互相垂直,外形复杂的工件可装夹在花盘上加工。

  A. 基准轴线 B. 基准面   C. 底面   D. 平面

118. 细长轴的主要特点是( )。

  A. 韧性好   B. 稳定性差   C. 弹性好   D. 刚性差

119. 被加工表面回转轴线与基准面互相垂直,外形复杂的工件可装夹在( )上加工。

  A. 夹具   B. 角铁   C. 花盘   D. 三爪

120. 已知米制梯形螺纹的公称直径为 36 mm,螺距 $P=6$ mm,则中径为( )mm。

  A. 30   B. 32.103   C. 33   D. 36

121. 在花盘角铁上加工工件时,转速如果太高,就会因( )的影响,使工件飞出而发生事故。

  A. 切削力   B. 离心力   C. 夹紧力   D. 转矩

122. 用硬质合金螺纹车刀高速车梯形螺纹时,刀尖角应为( )。

  A. 30°   B. 29°   C. 29°30′   D. 30°30′

123. 用厚度较厚的螺纹样板测具有纵向前角的车刀的刀尖角时,样板应( )放置。

  A. 水平   B. 平行于车刀切削刃
  C. 平行工件轴线   D. 平行于车刀底平面

124. 采用夹具后,工件上有关表面的( )由夹具保证。

  A. 表面粗糙度 B. 几何要素 C. 大轮廓尺寸 D. 位置精度

125. 精车梯形螺纹时,为了便于左右车削,精车刀的刀头宽度应( )牙槽底宽。

  A. 小于   B. 等于   C. 大于   D. 大于等于

126. 产生积屑瘤的最大因素是( )。

  A. 工件材料 B. 切削速度 C. 刀具前角 D. 刀具后角

127. 硬质合金可转位车刀的特点是( )。

  A. 刀片耐用   B. 节省换刀时间

C. 夹紧力大　　　　　　　　　　　　D. 可选用较大的切削用量

128. 刃磨车刀前刀面,同时磨出(　　)。
    A. 前角和刃倾角　　　　　　　　　B. 前角
    C. 刃倾角　　　　　　　　　　　　D. 前角和楔角

129. 高速车螺纹时,一般选用(　　)法车削。
    A. 直进　　　　B. 左右切削　　　C. 斜进　　　　D. 车直槽

130. 车阶梯槽法车削梯形螺纹(　　)。
    A. 适于螺距较大的螺纹　　　　　　B. 适于精车
    C. 螺纹牙形准确　　　　　　　　　D. 牙底平整

131. 车螺纹时,在每次往复行程后,除中滑板横向进给外,小滑板只向一个方向作微量进给,这种车削方法是(　　)法。
    A. 直进　　　　B. 左右切削　　　C. 斜进　　　　D. 车直槽

132. 被加工表面回转轴线与基准面互相(　　),外形复杂的工件可装夹在角铁上加工。
    A. 垂直　　　　B. 平行　　　　　C. 重合　　　　D. 一致

133. 被加工表面回转轴线与基准面互相平行,外形复杂的工件可装夹在(　　)上加工。
    A. 夹具　　　　B. 角铁　　　　　C. 花盘　　　　D. 三爪

134. 车刀切削部分材料的硬度不能低于(　　)。
    A. HRC90　　　B. HRC70　　　　C. HRC60　　　D. HB230

135. (　　)越好,允许的切削速度越高。
    A. 韧性　　　　B. 强度　　　　　C. 耐磨性　　　D. 红硬性

136. 磨削加工砂轮的旋转是(　　)运动。
    A. 工作　　　　B. 磨削　　　　　C. 进给　　　　D. 主

137. 在花盘角铁上加工工件时,转速如果太高,就会因(　　)的影响,使工件飞出,而发生事故。
    A. 切削力　　　B. 离心力　　　　C. 夹紧力　　　D. 转矩

138. 使用(　　)可提高刀具寿命。
    A. 润滑液　　　B. 冷却液　　　　C. 清洗液　　　D. 防锈液

139. 粗车时,应考虑(　　)。
    A. 提高生产率　　　　　　　　　　B. 保证质量
    C. 减小表面粗糙度　　　　　　　　D. 保证尺寸精度

140. 加工硬化层的深度可达(　　)mm。
    A. 1　　　　　B. 2　　　　　　C. 0　　　　　D. 0.07～0.5

141. 对表面粗糙度影响较小的是(　　)。

A. 切削速度　　　B. 进给量　　　C. 切削深度　　　D. 工件材料

142. 刀具材料的硬度越高,耐磨性(　　)。
A. 越差　　　B. 越好　　　C. 不变　　　D. 消失

143. 切断刀的副偏角一般选(　　)。
A. 6°~8°　　　B. 20°　　　C. 1°~1.5°　　　D. 45°~60°

144. 刀具材料的硬度、耐磨性越高,韧性(　　)。
A. 越差　　　B. 越好　　　C. 不变　　　D. 消失

145. 一台CA6140车床,$P_E=7.5 \text{kW}$,$\eta=0.8$,用YT5车刀将直径为80mm的中碳钢毛坯在一次进给中车成直径为70mm的半成品,若选进给量为0.3mm/r,车床主轴转速为400r/min,则主切削力为(　　)N。
A. 1 500　　　B. 3 000　　　C. 6 000　　　D. 12 000

146. 切屑的内表面光滑,外表面呈毛茸状,是(　　)。
A. 带状切屑　　　B. 挤裂切屑　　　C. 单元切屑　　　D. 粒状切屑

147. 高速钢车刀的(　　)较差,因此不能用于高速切削。
A. 强度　　　B. 硬度　　　C. 耐热性　　　D. 工艺性

148. (　　)硬质合金车刀适于加工钢料或其他韧性较大的塑性材料。
A. M类　　　B. K类　　　C. P类　　　D. H类

149. 加工塑性金属材料应选用(　　)硬质合金。
A. P类　　　B. K类　　　C. M类　　　D. 以上均可

150. 形状复杂,精度较高的刀具应选用的材料是(　　)。
A. 工具钢　　　B. 高速钢　　　C. 硬质合金　　　D. 碳素钢

151. 硬质合金的耐热温度为(　　)℃。
A. 300~400　　　B. 500~600　　　C. 800~1 000　　　D. 1 100~1 300

152. 高速钢常用的牌号是(　　)。
A. CrWMn　　　B. W18Cr4V　　　C. 9SiCr　　　D. Cr12MoV

二、判断题

153. (　　)数控机床的特点是操作灵活方便,当更换工件时,只需要更换电子计算机程序即可。

154. (　　)吊运重物不得从任何人头顶通过,吊臂下严禁站人。

155. (　　)粗加工阶段的主要任务是切去大部分加工余量和为以后的工序提供定位精基准。

156. (　　)所加工的毛坯,半成品和成品分开,并按次序整齐排列。

157. (　　)开合螺母的功用是接通或断开光杆传来的运动。

158. (　　)在CA6140车床上,车削每英寸1牙的英制螺纹,利用车床的扩大螺距系统,将原车削每英寸16牙的传动比增大16倍,即可车削每英寸1牙的螺纹。

159. (   ) CA6140 主轴前轴承按要求调整后仍不能达到回转精度时,方需调整后轴承。

160. (   ) 使用心轴、定位套和 V 形铁定位时,由于工件定位基准面和定位元件的制造误差以及轴与孔之间的间隙存在,使工件产生定位误差。

161. (   ) 生产产品越多,劳动生产率就越高。

162. (   ) 使用机械可转位车刀,可减少辅助时间。

163. (   ) 单个工时定额包括机动时间、辅助时间、休息和生理需要时间。

164. (   ) 一般机床夹具主要由定位元件、夹紧元件、对刀元件、夹具体等四部分组成。

165. (   ) 机械加工时,机床夹具刀具和工件构成一个完整的系统,称为工艺系统。

166. (   ) 绘制零件工作图时,对零件表面的各种缺陷如砂眼等要在图上标注出来。

167. (   ) 切削用量对刀具寿命的影响,主要是通过切削温度的高低来影响的,所以对刀具寿命影响最大的是切削速度。

168. (   ) 由于枪孔钻的刀尖偏一边,刀头刚进入工件时,刀杆会产生扭动,因此必须使用导向套。

169. (   ) 制动装置的作用是在车床停止过程中,克服惯性,使主轴迅速停转。

170. (   ) 刨削加工的运动具有急回的特性。

171. (   ) 车削细长轴工件时,为了使车削稳定,不易产生振动,应采用三爪跟刀架。

172. (   ) 为防止摩擦,切断刀的副后角应取大些。

173. (   ) 磨削是用砂轮以较高线速度对工件表面进行加工的方法。

174. (   ) 车蜗杆时,由于丝杠螺距不可能是蜗杆导程的整数倍,所以都要产生乱扣。

175. (   ) 刀具的前角是在基面内测量的。

176. (   ) 火警电话是 110。

177. (   ) 车多线蜗杆,用三针测量时,其中两针应放在相邻两槽中。

178. (   ) 生产过程包括基本生产过程,辅助生产过程和生产服务过程三部分。

179. (   ) 平面磨削时,端面磨削与圆周磨削相比,端面磨削的质量好,生产率高。

180. (   ) 一般蜗杆根据其齿形可分为法向直廓蜗杆和延长渐开蜗杆。

181. (   ) 任何产品的生产都必须具有完整工艺规程,操作规范,产品标准和检验方法,一经确定,不得随意改变。

182. (   )在三爪卡盘上车削偏心工件,垫片厚度的近似计算公式是 $X=1.5e$。
183. (   )机床夹具按其通用化程度一般可分为通用夹具,专用夹具,成组可调夹具和组合夹具等。
184. (   )定位基准是在加工中用作定位的基准。
185. (   )CA6140 型卧式车床主轴箱Ⅲ到Ⅴ轴之间的传动比实际上只有 3 种。
186. (   )由于试切法的加工精度较高,所以主要用于大量生产。
187. (   )车多线螺纹时,应将一条螺旋槽车好后,再车另一条螺旋槽。
188. (   )螺纹车刀纵向前角对螺纹牙形角没有影响。
189. (   )退火工序一般安排在粗加工之后。
190. (   )机械伤害事故的种类主要有 3 种,即刺割伤、打砸伤和烫伤。
191. (   )刀具磨损越慢,切削加工时就越长,也就是刀具寿命越长。
192. (   )钻孔、铰孔、拉孔及攻螺纹等加工方法,采用定尺寸刀具来控制加工尺寸的精度。

参 考 文 献

1 沈剑标. 金工实习[M]. 北京:机械工业出版社,1999.
2 马鞍山万马机床制造有限公司. 产品使用说明书. 2003.
3 陆剑中,孙家宁. 金属切削原理与刀具:第四版[M]. 北京:机械工业出版社,2006.
4 增福. 车工工艺与技能训练[M]. 北京：高等教育出版社,1998.
5 杨和. 车钳工技能训练[M]. 天津：天津大学出版社,2000.